FORSCHUNGSBERICHTE DES LANDES NORDRHEIN-WESTFALEN

Nr. 1316

Herausgegeben
im Auftrage des Ministerpräsidenten Dr. Franz Meyers
von Staatssekretär Professor Dr. h. c. Dr. E. h. Leo Brandt

Dr. Franz Kolberg

Institut für Mathematik und Großrechenanlagen der Rhein.-Westf. Techn. Hochschule Aachen
Direktor: Prof. Dr. Hubert Cremer

Theoretische Untersuchung des Begegnungs- oder Überholungsvorganges von Schiffen

WESTDEUTSCHER VERLAG · KÖLN UND OPLADEN 1964

ISBN 978-3-663-06417-6 ISBN 978-3-663-07330-7 (eBook)
DOI 10.1007/978-3-663-07330-7
Verlags-Nr. 011316

Gesamtherstellung: Westdeutscher Verlag ·

Inhalt

Einleitung

Diese Arbeit behandelt die beim Begegnen oder Überholen von Schiffen auftretenden hydrodynamischen Vorgänge. Ihr Ziel ist es, ein Integrodifferentialgleichungssystem aufzustellen, das den gesamten Bewegungsvorgang beschreibt. Damit wird die praktische Behandlung des Problems ermöglicht.
Die Schiffe betrachten wir als frei schwimmende feste Körper, die sich unter dem Einfluß vorgegebener Propellerschübe T_1 und T_2 an der Oberfläche einer endlich tiefen, seitlich aber unbegrenzten Flüssigkeit in ursprünglich parallelem Kurs bewegen. Entwickelt wird eine lineare Theorie dieses Vorganges, d. h. die Geschwindigkeitsbeträge der Flüssigkeitsbewegung sollen nur kleine Größen erster Ordnung sein. Das bedeutet insbesondere,

1. daß die Schiffskörper so schlank sind, daß sie bei gleichförmiger translatorischer Bewegung parallel zur Mittschiffsebene nur kleine Störungen in der Flüssigkeit erzeugen,
2. daß die Bewegung der Schiffe nur gering von der gleichförmigen translatorischen Hauptbewegung abweicht und
3. daß die Amplituden der erzeugten Oberflächenwellen klein bleiben.

Die Flüssigkeit sei inkompressibel und reibungsfrei, die Bewegung der Flüssigkeit überdies wirbelfrei. Unter diesen Einschränkungen wird das System von Bewegungsgleichungen des Überholungs- oder Begegnungsvorganges aufgestellt und seine Lösung auf die eines linearen Integrodifferentialgleichungssystems zurückgeführt.
Die charakteristischen Schwierigkeiten bei der Aufstellung einer solchen Theorie haben ihre Ursache hauptsächlich in der freien Wasseroberfläche. Doch gelingt es mit den Methoden der Störungstheorie, das Begegnungs- oder Überholungsproblem im Rahmen unserer Linearisierung zu formulieren und dann auf die Lösung eines linearen singulären Integrodifferentialgleichungssystems zu reduzieren. Es ist bisher nicht gelungen, zu beweisen, daß eine Lösung dieses Integrodifferentialgleichungssystems in dem in Frage kommenden Funktionenbereich existiert. Allerdings liegt die wesentliche Bedeutung dieser Reduktion auch mehr in der Tatsache, daß die numerische Behandlung des ursprünglichen Randwertproblems viel größere Schwierigkeiten bereitet als die des Integrodifferentialgleichungssystems, in das ja die Randbedingungen des Problems größtenteils schon eingearbeitet sind.
Beschränken wir indessen die Untersuchung des Begegnungs- oder Überholungsvorganges auf den Fall, daß die Schiffe eine genau vorgegebene Bewegung ausführen, und sehen wir außerdem von der Wirkung der freien Wasseroberfläche ab,

so gelangen wir für diesen Vorgang in einfacher Weise zu Eindeutigkeits- und Existenzsätzen. Die Wirkung flachen Wassers können wir dann dadurch berücksichtigen, daß wir annehmen, der Körper bewege sich zwischen zwei parallelen Ebenen. Die Singularitätenbelegungen auf den Körperoberflächen, welche die Körper erzeugen, sind dabei aus einem Fredholmschen Integralgleichungssystem zu berechnen, für das sich die Existenz einer eindeutigen Lösung beweisen läßt. Es gelingt sogar, zu zeigen, daß zur Lösung des Integralgleichungssystems die Methode der sukzessiven Approximation anwendbar ist, vorausgesetzt, der Abstand der beiden Parallelebenen ist hinreichend groß. Sobald diese Singularitätenbelegungen ermittelt sind, können wir die Kraftwirkungen auf die beiden Körper mittels gewisser Sätze von Cummins (1957) berechnen. Diese Sätze von Cummins sind eine Verallgemeinerung bekannter Sätze von Lagally (1922) und Betz (1932) über die Berechnung der Kraftwirkungen einer inkompressiblen stationären Potentialströmung auf einen Körper, und zwar allein aus der gegebenen Potentialströmung und der den Körper erzeugenden Singularitätenbelegung. Die Sätze von Cummins gestatten diese Berechnung auch dann, wenn die Potentialströmung instationär ist und der Körper eine beliebige Bewegung ausführt.
Probleme der im letzten Absatz genannten Art, allerdings ohne Berücksichtigung des Flachwassereinflusses, sind schon für mehr oder weniger spezielle Fälle untersucht worden. C. A. Bjerkness hat in mehreren Arbeiten (1868–1880) die gleichzeitige Bewegung kugelförmiger Körper in einer inkompressiblen allseitig unbegrenzten Flüssigkeit behandelt und die Strömungskräfte berechnet. Eine kurze Darstellung dieser Probleme und Anregungen zu weiteren Untersuchungen gab G. Kirchhoff in seinen 1876 erschienenen »Vorlesungen über mathematische Physik«. Horace Lamb behandelte in seinem 1879 erschienenen klassischen Lehrbuch der Hydrodynamik die Bewegung zweier Kugeln in einer idealen Flüssigkeit. W. W. Hicks (1880), C. Neumann (1883), Basset (1888), R. A. Herman (1887) und Voigt (1891) führten die Untersuchungen von Bjerkness und Lamb fort, beschränkten sich aber im wesentlichen auch auf die Bewegung von Kugeln und Kreiszylindern. Daß man hauptsächlich die Bewegung von Kugeln und Kreiszylindern untersuchte, lag daran, daß

1. in idealer Flüssigkeit für diese Körper die Betrachtung der Rotationsbewegungen entfällt und
2. Ende des 19. Jahrhunderts die Theorie der Kugel- und Zylinderfunktionen einen hohen Stand erreicht hatte, der es erlaubte, sie auf physikalische Probleme ohne große Schwierigkeiten anzuwenden.

Zwar waren die grundlegenden Sätze über Eindeutigkeit und Existenz von Lösungen der Randwertaufgaben der Potentialtheorie gerade gewonnen worden, jedoch hatten die numerischen Methoden noch nicht den Stand erreicht, der die Anwendung dieser Sätze auf physikalische Probleme erlaubt hätte. Vom Standpunkt der Schiffstheorie aus hat G. Weinblum in seiner 1933 erschienenen Arbeit die Strömungsbeeinflussung zweier Schiffe untersucht, wobei auch er sich auf geradlinige Bewegung von Kugeln und Zylindern auf parallelem Kurs beschränkte und die Kraftwirkungen in dem Augenblick berechnete, da die Verbindungsgerade zwischen den Mittelpunkten der Kugeln bzw. der Zylinder senkrecht zur Kursrichtung liegt.

In engem Zusammenhang mit den beim Begegnungs- oder Überholungsvorgang auftretenden Problemstellungen stehen auch die Arbeiten G. I. TAYLORS (1928/29), TOLLMIENS (1938) und PISTOLESIS (1944), die sich mit der Berechnung der Kräfte und Momente auf Körper in Strömungen mit Stromlinien kleiner Krümmung beschäftigen. Die Behandlung dieser Probleme erreichte einen gewissen Abschluß durch die bereits erwähnte Arbeit von CUMMINS (1957) und eine Arbeit von EGGERS (1960).

Gemeinsam ist allen diesen Untersuchungen, daß die Flüssigkeit allseitig unbegrenzt angenommen wird, also die Wirkung von freier Oberfläche, flachem Wasser und Kanalwänden unberücksichtigt bleibt.

Gerade aber auf flachem Wasser und in Kanälen scheint, wie experimentelle Untersuchungen zeigen, der Einfluß der freien Wasseroberfläche nicht vernachlässigbar zu sein.

Zum erstenmal wurde der Oberflächeneinfluß auf den Überholungsvorgang von HAVELOCK (1936) berücksichtigt. HAVELOCK beschränkte sich dabei auf die Betrachtung zweier getauchter Kugeln, deren Mittelpunkte sich mit gleicher Geschwindigkeit bewegen.

In ähnlicher Weise wie HAVELOCK, allerdings mit anderem Ziel, untersuchte EGGERS (1955) den Wellenwiderstand von Zweikörperschiffen auf endlich tiefem Wasser. Bei EGGERS sind die Schiffe vom MICHELLschen Typ, d. h. ihre Breite ist klein gegenüber ihrer Länge. Schließlich geht SILVERSTEIN (1957) ebenfalls von der Grundvorstellung HAVELOCKS aus. Auch er betrachtet Schiffe vom MICHELLschen Typ, die mit gleicher Geschwindigkeit auf parallelem Kurs fahren. Für sie berechnet er die auftretenden Kräfte und Momente. Durch asymptotische Entwicklung seiner Formeln gelingt SILVERSTEIN der Nachweis, daß beim Überholungsvorgang der Oberflächeneinfluß dominiert: Die niedrigsten Terme der asymptotischen Entwicklungen für die Kräfte und Momente rühren ausschließlich vom Einfluß der freien Oberfläche her. Trotz dieser positiven Ergebnisse kann die wesentlich stationäre Theorie SILVERSTEINS, die bei hinreichend großem Abstand der Schiffe und bei geringen Unterschieden zwischen ihrer Geschwindigkeit sicher zutrifft, keine Aufklärung über die instationären Vorgänge beim Überholen geben. Gerade instationäre Probleme aber stellen bei freier Wasseroberfläche der mathematischen Behandlung ungewöhnlich große Schwierigkeiten entgegen. So sind denn auch die stationären Probleme bei der Bewegung von Schiffen in reibungsfreier und inkompressibler Flüssigkeit mit freier Oberfläche seit der Arbeit J. H. MICHELLS (1898) bereits in den ersten Jahrzehnten dieses Jahrhunderts eingehend behandelt worden. Die entsprechenden instationären Probleme dagegen wurden erst in den letzten zwanzig Jahren genauer untersucht.

Bedeutende Hydrodynamiker, Mathematiker und Physiker der verschiedensten Nationen haben seitdem auf diesem Gebiet wesentliche Resultate erzielt. Beschränken wir uns auf diejenigen instationären Probleme, die mit unserem eng verwandt sind, so ist als früheste Arbeit die von H. HOLSTEIN (1937) über eine periodische Quelle in Wasser mit freier Oberfläche zu nennen. In einer ganzen Serie von Veröffentlichungen hat sich Sir T. H. HAVELOCK (1937–1958) mit den verschiedensten instationären Problemen der Schiffswellentheorie beschäftigt, etwa mit der Brechung der Wellen beim Rollen von Schiffen, mit den Kräften, die reguläre Wellensysteme auf ein Schiff ausüben, mit den Stampf- und Tauchschwingungen eines Schiffes, mit der Ermittlung der Driftkraft auf ein Schiff im Seegang und mit der Berechnung des Wellenwiderstandes bei beschleunigter Bewegung eines Kreiszylinders.

1937 berechnete L. N. SRETENSKY erstmalig den Wellenwiderstand eines MICHELLschen Schiffes bei beschleunigter Bewegung. 1939/40 und 1946 erschienen die fundamentalen Arbeiten von N. E. KOTSCHIN und M. D. HASKIND über Oberflächenwellen, die durch Schwingungen getauchter Körper erzeugt werden, und über die hydrodynamische Theorie der Schiffsschwingungen in Wellen. Diese Arbeiten bilden auch heute noch den Ausgangspunkt vieler theoretischer Untersuchungen. Im Anschluß an eine Arbeit von STOKER (1947) über Oberflächenwellen in Wasser veränderlicher Tiefe bildete sich dann schließlich an der New York University eine mathematische Schule, die sich die Aufgabe stellte, alle Probleme der Oberflächenwellen eingehend mathematisch zu untersuchen. Sie behandelte eine Vielzahl von Fragen, so die Brechung von Wellen an einer Küste oder einem Dock [STOKER (1947), ISAACSON (1948–1950), JOHN (1948), FRIEDRICHS (1948), LEWY (1946–1948), PETERS (1950–1952), WEINSTEIN (1949), RUBIN (1954)], die Bewegung schwimmender Körper [JOHN (1949/50), FINKELSTEIN (1957)], die Bewegung von Schiffen als schwimmende feste Körper im Seegang [PETERS, STOKER (1954–1957)] u. a.

Probleme, die mit den letztgenannten in engem Zusammenhang stehen, wurden auch in Japan, und zwar von T. HANAOKA (1951–1960), T. HISHIDA (1949/50), T. INUI (1954), H. MARUO (1950–1960) und Y. YAMAMOTO (1946–1950) eingehend untersucht. Auch die Arbeiten F. URSELLS (1947–1959) über die Roll- und Stampfbewegungen von Schiffen sowie über die von schwingenden getauchten Körpern erzeugten Oberflächenwellen enthalten Wesentliches. Schließlich sind noch die Arbeiten NEWMANS (1960/61) zu nennen, der, auf Untersuchungen von PETERS und STOKER bauend, eine mehrparametrige Störungstheorie der Tauch- und Stampfbewegung eines MICHELLschen Schiffes in normal zur Mittschiffsebene laufenden Elementarwellen entwickelte.

Charakteristisch für alle diese Probleme ist, daß sie bei dem heutigen Stand der Mathematik einer theoretischen Behandlung erst nach entsprechender Linearisierung zugänglich werden. Und selbst dann sind die erhaltenen Aussagen im mathematischen Sinne noch unvollständig, da die Existenz- und Eindeutigkeitsfragen weitgehend unbeantwortet bleiben. In dieser Hinsicht hat F. JOHN die besten Resultate erzielt. Er konnte zeigen, daß bei vorgeschriebenen Schwingungen eines Schiffskörpers in einem vorgeschriebenen überall regulären Primärwellensystem eine eindeutig bestimmte Lösung des linearisierten Problems existiert, wenn

1. der Körper keine Vorwärtsgeschwindigkeit hat,

2. der Körper so beschaffen ist, daß jede vertikale Gerade die Körperoberfläche nur in einem Punkt schneidet und
3. die Körperoberfläche die Wasseroberfläche senkrecht durchsetzt.

Diese Bedingungen sind so einschränkend, daß sie die praktisch interessierenden Fälle nicht umfassen. Bereits für vollständig getauchte Körper ist das entsprechende Eindeutigkeits- und Existenzproblem nicht gelöst. Für die durch eine Elementarwelle hervorgerufenen Schwingungen eines Körpers ohne Berücksichtigung äußerer Kräfte konnte JOHN unter den Voraussetzungen 1. und 2. lediglich die Eindeutigkeit der Lösung beweisen, und auch das nur für hinreichend große Frequenzen Ω. Gemeinsam ist diesen Untersuchungen, daß sie nur den eingeschwungenen Zustand behandeln. JOHN betrachtet also nur solche Lösungen, deren Zeitabhängigkeit rein periodisch mit der Frequenz Ω ist.
Bewegt sich der schwingende Körper noch zusätzlich unter dem Einfluß eines Propellerschubs, so fehlen jegliche Existenz- oder Eindeutigkeitssätze überhaupt. Das ist z. B. der Fall, wenn sich das Schiff mit konstantem Propellerschub in eine schräg zum Schiff laufende reguläre Welle hineinbewegt. PETERS und STOKER konnten 1957 nur für den Spezialfall des flachen Schiffes (»HOGNERsches Schiff«), bei dem der Tiefgang gegenüber der Länge klein ist, zeigen, daß im Falle einer vorgeschriebenen Bewegung des Schiffes das Problem sich auf die Auflösung einer linearen Integrodifferentialgleichung zurückführen läßt, deren Lösung, wenn sie überhaupt existiert, auch eindeutig bestimmt ist. Über die eindeutige Lösbarkeit des Integrodifferentialgleichungssystems, das den gesamten Bewegungsvorgang frei schwimmender Körper beschreibt, konnten PETERS und STOKER nichts aussagen. Deshalb hat man sich in letzter Zeit bemüht, die auftretenden Integrodifferentialgleichungen, obwohl Eindeutigkeit und Existenz ihrer Lösung nicht gesichert sind, numerisch zu behandeln. So untersucht eine Arbeit von ISAACSON und GROSSMAN (1961) die numerische Lösung einer Integrodifferentialgleichung, die gegenüber derjenigen, welche beim Bewegungsvorgang wirklich auftritt, wesentlich vereinfacht ist.
Daß es so schwierig ist, in diesem Gebiet Eindeutigkeits- und Existenzsätze aufzustellen, hat besonders folgende Gründe:

1. Es treten äußere Randwertprobleme der Potentialtheorie auf, bei denen die Ränder offene Flächenstücke sind.
2. Es ergeben sich singuläre Integrodifferentialgleichungen für Funktionen mehrerer Veränderlicher.

Wenn auch inzwischen die Theorie der singulären Integralgleichungen vom CAUCHYschen Typ für Funktionen einer Veränderlichen durch die Arbeiten von HILBERT (1904), NOETHER (1921), CARLEMAN (1922), MUSHKELISHVILI (1922–1944), VEKUA (1940–1944) ziemlich abgeschlossen ist, so kann man dies von den singulären Integralgleichungen (CAUCHYschen Typs) für Funktionen mehrerer Veränderlicher schwerlich behaupten. Trotz der tiefgehenden Untersuchungen von TRICOMI (1928), GIRAUD (1934–1939) und MICHLIN (1936–1958) kennen wir heute noch nicht einmal die Analoga zu den Fredholmschen Alternativsätzen.

Die erwähnten charakteristischen Schwierigkeiten treten indessen nicht nur bei Problemen aus der Theorie der Oberflächenwellen auf. Auch in der Theorie der Beugung akustischer oder elektromagnetischer Wellen an einem offenen gekrümmten Flächenstück sind bis heute keine Sätze über die Existenz von Lösungen bekannt, obschon die Kerne der auftretenden Integrodifferentialgleichungen einfacherer Natur sind als bei den entsprechenden Problemen aus der Theorie der Oberflächenwellen [vgl. C. H. Wilcox (1960)]. Die Eindeutigkeitssätze allerdings wurden für die genannten Probleme aus der Theorie der akustischen und elektromagnetischen Wellen von Rellich (1943) und Heins-Silver (1955) bewiesen.
Wegen dieser mit der heutigen mathematischen Theorie nicht zu überwindenden Schwierigkeiten konnten auch in der vorliegenden Arbeit keine Existenz- und Eindeutigkeitssätze aufgestellt werden. Auch gelang es nicht, Abschätzungen für die Gültigkeitsgrenzen der linearisierten Theorie anzugeben. Dieses Problem ist heute nicht einmal für den einfachen Fall stehender Oberflächenwellen gelöst. Für die Praxis sind die hier erhaltenen Resultate trotzdem bedeutungsvoll, da sie es gestatten, konkrete Fälle numerisch zu behandeln und so Einblicke in die Bewegungsvorgänge zu erhalten.

1. Mathematische Formulierung des Problems

Unseren Überlegungen legen wir ein raumfestes kartesisches x–y–z-Koordinatensystem zugrunde. Wir nehmen an, daß die Hauptbewegung der beiden Schiffe geradlinig und gleichförmig mit den Geschwindigkeiten $s_0^{(1)}$ bzw. $s_0^{(2)}$ parallel zur x-Achse erfolgt. Die x–y-Ebene falle mit der Wasseroberfläche zusammen, wenn die Flüssigkeit sich im ungestörten Gleichgewichtszustand befindet. Die z-Achse stehe senkrecht zur xy-Ebene und weise nach oben.

Nun wollen wir zwecks späterer Linearisierung nicht nur einen einzelnen Bewegungsvorgang betrachten, sondern eine von einem Parameter ε abhängige Schar von Bewegungsvorgängen. Nach welchen Gesichtspunkten der Parameter ε zu wählen ist, werden wir später noch genauer besprechen. Zunächst genügt es, anzunehmen, daß der Parameter ε so beschaffen sei, daß der ungestörte Gleichgewichtszustand durch den Grenzübergang $\varepsilon \to 0$ erhalten wird.

Die Gleichung der freien Wasseroberfläche nehmen wir in der Form

$$z = \zeta(x, y, t; \varepsilon) \tag{1.1}$$

an. Weiter möge sich das Strömungsfeld

$$\mathfrak{v}(x, y, z, t; \varepsilon) = (v_x(x, y, z, t; \varepsilon), v_y(x, y, z, t; \varepsilon), v_z(x, y, z, t; \varepsilon)) \tag{1.2}$$

als Gradient einer Potentialfunktion $\Phi(x, y, z, t; \varepsilon)$ darstellen lassen:

$$\mathfrak{v}(x, y, z, t; \varepsilon) = \operatorname{grad} \Phi(x, y, z, t; \varepsilon), \tag{1.3}$$

wo die Funktion $\Phi(x, y, z, t; \varepsilon)$ im Flüssigkeitsbereich der LAPLACE-Gleichung

$$\Delta\Phi = \Phi_{xx} + \Phi_{yy} + \Phi_{zz} = 0 \tag{1.4}$$

genügt. Sind dann $p(x, y, z, t; \varepsilon)$ der Druck, g die Erdbeschleunigung und ρ die Dichte der Flüssigkeit, so gilt innerhalb des Flüssigkeitsbereiches die BERNOULLI-Gleichung:

$$\frac{p}{\rho} + g \cdot z + \Phi_t + \frac{1}{2} (\operatorname{grad} \Phi)^2 = 0. \tag{1.5}$$

Vermöge (1.5) kann also bei bekannter Potentialfunktion $\Phi(x, y, z, t; \varepsilon)$ der Druck $p(x, y, z, t; \varepsilon)$ bestimmt werden. Als dynamische Bedingung an der freien Oberfläche haben wir nun $p(x, y, z, t; \varepsilon) = 0$ für $z = \zeta(x, y, t; \varepsilon)$ oder wegen (1.5)

$$g\,\zeta(x, y, t; \varepsilon) + \Phi_t(x, y, \zeta(x, y, t; \varepsilon), t; \varepsilon) + \tfrac{1}{2} (\operatorname{grad} \Phi)^2 = 0. \tag{1.6}$$

Ist weiter

$$F(x, y, z, t; \varepsilon) = 0 \tag{1.7}$$

die Gleichung einer unseren Flüssigkeitsbereich begrenzenden Flächenschar mit dem Scharparameter ε, so muß an dieser Fläche die kinematische Bedingung

$$\frac{dF}{dt} = \Phi_x \cdot F_x + \Phi_y \cdot F_y + \Phi_z \cdot F_z + F_t = 0 \quad \text{für} \quad F(x, y, z, t; \varepsilon) = 0 \tag{1.8}$$

erfüllt sein, welche bekanntlich ausdrückt, daß in jedem Punkt dieser Fläche die Normalgeschwindigkeit der Flüssigkeitsteilchen gleich der Normalgeschwindigkeit des Flächenpunktes ist. Ist speziell

$$F(x, y, z, t; \varepsilon) \equiv z - \zeta(x, y, t; \varepsilon), \tag{1.9}$$

so erhalten wir aus (1.8) als kinematische Bedingung an der freien Wasseroberfläche:

$$-\Phi_x \cdot \zeta_x - \Phi_y \cdot \zeta_y + \Phi_z - \zeta_t = 0 \quad \text{für} \quad z = \zeta(x, y, t; \varepsilon). \tag{1.10}$$

Charakteristisch für die nachfolgende Theorie ist nun die Linearisierung der nichtlinearen Gln. (1.5), (1.6), (1.8) und (1.10). Im Hinblick darauf hatten wir bereits von Anfang an nicht einen einzelnen Bewegungsvorgang, sondern eine einparametrige Schar von Bewegungsvorgängen betrachtet. Wir wollen nunmehr annehmen, daß alle im Zusammenhang mit unserem Bewegungsvorgang auftretenden Funktionen in für hinreichend kleines ε konvergente Potenzreihen nach dem Parameter ε entwickelbar sind. Speziell werde angenommen, daß die Potenzreihe für die Potentialfunktion $\Phi(x, y, z, t; \varepsilon)$ mit der ersten Potenz von ε beginnt. Nach diesen Annahmen gelten also die für hinreichend kleines ε konvergenten Entwicklungen

$$\Phi(x, y, z, t; \varepsilon) = \varepsilon \cdot \Phi_1(x, y, z, t) + \varepsilon^2 \cdot \Phi_2(x, y, z, t) + \cdots, \tag{1.11}$$

$$\zeta(x, y, t; \varepsilon) = \zeta_0(x, y, t) + \varepsilon \cdot \zeta_1(x, y, t) + \varepsilon^2 \cdot \zeta_2(x, y, t) + \cdots, \tag{1.12}$$

$$F(x, y, z, t; \varepsilon) = F_0(x, y, z, t) + \varepsilon \cdot F_1(x, y, z, t) + \varepsilon^2 \cdot F_2(x, y, z, t) + \cdots. \tag{1.13}$$

Führen wir noch den hydrodynamischen Druck $P(x, y, z, t; \varepsilon)$ ein vermöge der Gleichung

$$P(x, y, z, t; \varepsilon) = \frac{1}{\rho} p(x, y, z, t; \varepsilon) + gz, \tag{1.14}$$

so gelte auch hier die Entwicklung

$$P(x, y, z, t; \varepsilon) = P_0(x, y, z, t) + \varepsilon P_1(x, y, z, t) + \varepsilon^2 P_2(x, y, z, t) + \cdots. \tag{1.15}$$

Mit (1.14) läßt sich die Bernoullische Gl. (1.5) in der Form

$$P(x, y, z, t; \varepsilon) + \tfrac{1}{2} (\operatorname{grad} \Phi)^2 + \Phi_t(x, y, z, t; \varepsilon) = 0 \tag{1.16}$$

schreiben.

Setzen wir in diese Gl. (1.16) die Entwicklungen (1.11) und (1.15) ein, ordnen die auf der linken Seite dieser Gleichung stehende Funktion nach Potenzen von ε und setzen dann die Koeffizienten der einzelnen Potenzen von ε gleich Null, so erhalten wir der Reihe nach:

$$P_0(x, y, z, t) = 0, \tag{1.17}$$
$$P_1(x, y, z, t) + \Phi_{1t}(x, y, z, t) = 0, \tag{1.18}$$
$$P_2(x, y, z, t) + \Phi_{2t}(x, y, z, t) + \tfrac{1}{2}\{\text{grad}\ \Phi_1(x, y, z, t)\}^2 = 0, \tag{1.19}$$
$$\cdots\cdots\cdots\cdots\cdots\cdots\cdots\cdots\cdots\cdots\cdots\cdots$$
$$P_k(x, y, z, t) + \Phi_{kt}(x, y, z, t) + A_k\{\Phi_1(x, y, z, t), \ldots, \Phi_{k-1}(x, y, z, t)\} = 0, \tag{1.20}$$
$$\cdots\cdots\cdots\cdots\cdots\cdots\cdots\cdots\cdots\cdots\cdots\cdots$$

wobei wir mit $A_k\{\Phi_1, \ldots, \Phi_{k-1}\}$ ein gewisses Funktional der in der Klammer stehenden Funktionen bezeichnet haben.

Wird weiter die Entwicklung (1.11) in die Potentialgleichung (1.4) eingesetzt, und werden dann wieder die Koeffizienten der einzelnen Potenzen von ε gleich Null gesetzt, so erhalten wir

$$\Delta\Phi_1 = 0, \ \Delta\Phi_2 = 0, \ \ldots, \ \Delta\Phi_k = 0, \ \ldots. \tag{1.21}$$

Hier ergibt sich nun zwangsläufig die Frage, in welchen Bereichen die Gln. (1.18) bis (1.21) gelten. Da wir den Begegnungs- oder Überholungsvorgang von Schiffen auf flachem Wasser der konstanten Tiefe h untersuchen wollen, lautet also in unserem ortsfesten Koordinatensystem die Gleichung der unteren Begrenzungsfläche

$$z + h = 0. \tag{1.22}$$

Setzen wir also in (1.8) $F(x, y, z, t; \varepsilon) \equiv z + h$, so erhalten wir aus (1.8) als kinematische Bedingung am Flachwasserboden:

$$\Phi_z(x, y, z, t; \varepsilon) = 0 \quad \text{für} \quad z = -h. \tag{1.23}$$

Gehen wir mit (1.11) in diese Gleichung hinein und setzen wieder die Koeffizienten der einzelnen Potenzen von ε gleich Null, so erhalten wir

$$\Phi_{1z} = 0, \ \Phi_{2z} = 0, \ \ldots, \ \Phi_{kz} = 0, \ \ldots \quad \text{für} \quad z = -h. \tag{1.24}$$

Weiter gehen wir mit den Entwicklungen (1.11) und (1.12) in die Randbedingungen (1.6) und (1.10) hinein. Setzen wir nach Umordnung wieder die Koeffizienten der einzelnen Potenzen von ε gleich Null, so erhalten wir der Reihe nach:

$$\begin{aligned} g \cdot \zeta_0(x, y, t) &= 0 \\ \zeta_{0t}(x, y, t) &= 0, \end{aligned} \tag{1.25}$$

$$\begin{aligned} g \cdot \zeta_1(x, y, t) + \Phi_{1t}(x, y, 0, t) &= 0 \\ \Phi_{1z}(x, y, 0, t) - \zeta_{1t}(x, y, t) &= 0, \end{aligned} \tag{1.26}$$

$$\begin{aligned} &g\zeta_2(x, y, t) + \Phi_{2t}(x, y, 0, t) + \zeta_1(x, y, t)\,\Phi_{1tz}(x, y, 0, t) + \tfrac{1}{2}(\text{grad}\ \Phi_1)^2 = 0 \\ &\quad - \Phi_{1x}(x, y, 0, t)\,\zeta_{1x}(x, y, t) - \Phi_{1y}(x, y, 0, t)\,\zeta_{1y}(x, y, t) \\ &\quad + \Phi_{1z}(x, y, 0, t) \cdot \zeta_1(x, y, t) + \Phi_{2z}(x, y, 0, t) - \zeta_{2t}(x, y, t) = 0, \end{aligned} \tag{1.27}$$
$$\cdots\cdots\cdots\cdots\cdots\cdots\cdots\cdots\cdots\cdots\cdots\cdots$$

$$\begin{aligned} g\zeta_k(x, y, t) + \Phi_{kt}(x, y, 0, t) + B_k\{\Phi_1(x, y, 0, t), \ldots, \Phi_{k-1}(x, y, 0, t)\} &= 0 \\ \Phi_{kz}(x, y, 0, t) - \zeta_{kt}(x, y, t) + C_k\{\Phi_1(x, y, 0, t), \ldots, \Phi_{k-1}(x, y, 0, t)\} &= 0 \end{aligned} \tag{1.28}$$
$$\cdots\cdots\cdots\cdots\cdots\cdots\cdots\cdots\cdots\cdots\cdots\cdots$$

Auch hier bedeuten die B_k und C_k gewisse Funktionale der in den Klammern stehenden Funktionen. Bei der Ableitung von (1.28) wurde noch beachtet, daß vermöge der ersten Gl. (1.28) mit $k = i$ $(i = 1, 2, \ldots, k-1)$ die Funktion $\zeta_i(x, y, t)$ als Funktional der $\Phi_1(x, y, 0, t), \ldots, \Phi_i(x, y, 0, t)$ dargestellt werden kann.

Eliminieren wir aus den beiden Gln. (1.28) noch die Funktion $\zeta_k(x, y, t)$, so erhalten wir die Randbedingung an der freien Oberfläche in der Form

$$g \cdot \Phi_{kz}(x, y, 0, t) + \Phi_{ktt}(x, y, 0, t) + D_k\{\Phi_1(x, y, 0, t), \ldots, \Phi_{k-1}(x, y, 0, t)\} = 0. \qquad (1.29)$$

Speziell für $k = 1$ ergibt sich aus (1.26) für $\Phi_1(x, y, z, t)$ als Randbedingung an der freien Oberfläche:

$$g \cdot \Phi_{1z}(x, y, 0, t) + \Phi_{1tt}(x, y, 0, t) = 0. \qquad (1.30)$$

Zusammenfassend erhalten wir damit, daß die k-te Potentialfunktion $\Phi_k(x, y, z, t)$ $(k = 1, 2, \ldots)$ die folgenden Gleichungen erfüllen muß:

$$\Delta\Phi_k = \Phi_{kxx} + \Phi_{kyy} + \Phi_{kzz} = 0 \quad \text{für} \quad \begin{cases} -h < z < 0 \\ \text{und außerhalb} \\ \text{der Schiffskörper,} \end{cases} \qquad (1.31)$$

$$\Phi_{kz} = 0 \quad \text{für} \quad z = -h, \qquad (1.32)$$

$$g \cdot \Phi_{kz}(x, y, 0, t) + \Phi_{ktt}(x, y, 0, t) + D_k\{\Phi_1(x, y, 0, t), \ldots, \Phi_{k-1}(x, y, 0, t)\} = 0. \qquad (1.33)$$

Hinzu treten noch gewisse Randbedingungen an den Schiffsoberflächen sowie Bedingungen über das Verhalten der Funktion $\Phi_k(x, y, z, t)$ im Unendlichen. Aus der dritten Bedingung für $\Phi_k(x, y, z, t)$ geht hervor, daß die Bestimmung der Potentialfunktionen $\Phi_k(x, y, z, t)$ $(k = 1, 2, \ldots)$ sukzessive erfolgen muß. Zur Bestimmung der Potentialfunktion $\Phi_k(x, y, z, t)$ müssen die Potentialfunktionen $\Phi_1(x, y, z, t), \ldots, \Phi_{k-1}(x, y, z, t)$ für $z = 0$ bekannt sein. Ist $\Phi_k(x, y, z, t)$ ermittelt, so ist die Funktion $\zeta_k(x, y, t)$ aus der ersten Gl. (1.28) zu bestimmen:

$$\zeta_k(x, y, t) = -\frac{1}{g}\,[\Phi_{kt}(x, y, 0, t) + B_k\{\Phi_1(x, y, 0, t), \ldots, \Phi_{k-1}(x, y, 0, t)\}]. \qquad (1.34)$$

Wenn damit auch aufgezeigt ist, wie die in den Reihen (1.11) und (1.12) auftretenden Koeffizienten sukzessive bestimmt werden können, so wird man sich in den meisten Fällen doch darauf beschränken, in (1.11), (1.12) und (1.15) nur die Glieder bis zur ersten Potenz von ε zu bestimmen. Aus den Gln. (1.21), (1.24) und (1.30) erhalten wir zur Bestimmung der Funktion $\Phi_1(x, y, z, t)$ die Gleichungen

$$\Delta\Phi_1 = \Phi_{1xx} + \Phi_{1yy} + \Phi_{1zz} = 0 \quad \text{für} \quad \begin{cases} -h < z < 0 \\ \text{und außerhalb} \\ \text{der Schiffskörper,} \end{cases} \qquad (1.35)$$

$$\Phi_{1z} = 0 \quad \text{für} \quad z = -h, \qquad (1.36)$$

$$g \cdot \Phi_{1z}(x, y, 0, t) + \Phi_{1tt}(x, y, 0, t) = 0. \qquad (1.37)$$

Hinzu treten noch Bedingungen an den Schiffsoberflächen und Ausstrahlungsbedingungen. Die Funktion $\zeta_1(x, y, t)$ ist aus der ersten Gl. (1.26) zu berechnen:

$$\zeta_1(x, y, t) = -\frac{1}{g}\, \Phi_{1t}(x, y, 0, t). \qquad (1.38)$$

Wir haben hier unsere Randwertaufgabe formuliert für die Potentialfunktion $\Phi_1(x, y, z, t)$. Für die Erfassung unserer Vorgänge ist es aber zweckmäßiger, nicht mit dem Geschwindigkeitspotential, sondern mit dem hydrodynamischen Druck zu arbeiten. Wir wollen also die Bedingungen (1.35)–(1.37) umschreiben auf den hydrodynamischen Druck $P_1(x, y, z, t)$. Zunächst erhalten wir aus (1.18)

$$P_1(x, y, z, t) = -\Phi_{1t}(x, y, z, t), \qquad (1.39)$$

und für den hydrodynamischen Druck $P_1(x, y, z, t)$ ergeben sich aus (1.35)–(1.37) die Gleichungen:

$$\Delta P_1 = P_{1xx} + P_{1yy} + P_{1zz} = 0 \quad \text{für} \quad \begin{cases} -h < z < 0 \\ \text{und außerhalb} \\ \text{der Schiffskörper,} \end{cases} \qquad (1.40)$$

$$P_{1z} = 0 \quad \text{für} \quad z = -h, \qquad (1.41)$$

$$g\,P_{1z}(x, y, 0, t) + P_{1tt}(x, y, 0, t) = 0. \qquad (1.42)$$

Hinzu treten noch Bedingungen an den Schiffsoberflächen und Ausstrahlungsbedingungen.
Aus (1.38) erhalten wir für $\zeta_1(x, y, t)$:

$$\zeta_1(x, y, t) = \frac{1}{g}\, P_1(x, y, 0, t). \qquad (1.43)$$

Man beachte noch, daß wegen (1.17) und (1.25) die Funktionen $\varepsilon P_1(x, y, z, t)$ und $\varepsilon \zeta_1(x, y, t)$ die ersten Glieder in die Entwicklungen (1.12) und (1.15) darstellen.

2. Übergang zu verschiedenen Koordinatensystemen

Wir betrachten zunächst ein einzelnes Schiff, dessen Bewegung nur wenig von einer geradlinigen und gleichförmigen abweichen soll. Da wir die Bewegung des Schiffes als die eines starren Körpers ansehen, ist es zweckmäßig, neben dem ortsfesten x, y, z-Koordinatensystem die Bewegung auch auf mitgeführte Koordinatensysteme zu beziehen. Und zwar sei das erste mitgeführte $\bar{x}$, $\bar{y}$, $\bar{z}$-Koordinatensystem so beschaffen, daß seine $\bar{x}$–$\bar{y}$-Ebene mit der x–y-Ebene des ortsfesten Koordinatensystems zusammenfalle, also in der ungestörten freien Oberfläche liege, Abb. 1. Die $\bar{z}$-Achse weise senkrecht nach oben und gehe durch den Schwerpunkt des Schiffes. Die $\bar{x}$-Achse möge in die Richtung der Horizontalkomponente der Geschwindigkeit des Schwerpunktes des Schiffes fallen.

Ist $\mathfrak{R} = (x_c(t;\varepsilon), y_c(t;\varepsilon), z_c(t;\varepsilon))$ der Ortsvektor zum Schwerpunkt des Schiffes im ortsfesten Koordinatensystem, so ist $\dot{\mathfrak{R}} = (\dot{x}_c(t;\varepsilon), \dot{y}_c(t;\varepsilon), \dot{z}_c(t;\varepsilon))$ die Geschwindigkeit des Schiffsschwerpunktes. Die $\bar{x}$-Achse weist dann in Richtung des Geschwindigkeitsvektors

$$\mathfrak{u} = \dot{x}_c(t;\varepsilon)\,\mathfrak{e}_x + \dot{y}_c(t;\varepsilon)\mathfrak{e}_y, \tag{2.1}$$

wobei mit $\mathfrak{e}_x$, $\mathfrak{e}_y$ die Einheitsvektoren in Richtung der x- und y-Achse bezeichnet sind. Ist $\mathfrak{e}_{\bar{x}}$ der Einheitsvektor in Richtung der $\bar{x}$-Achse, so gilt mit $s(t;\varepsilon)$ als Absolutbetrag der Horizontalkomponente der Geschwindigkeit des Schiffsschwerpunktes:

$$s(t;\varepsilon)\,\mathfrak{e}_{\bar{x}} = \mathfrak{u}. \tag{2.2}$$

Weiter benötigen wir noch den Vektor der Winkelgeschwindigkeit $\omega(t;\varepsilon)$ des mitgeführten $\bar{x}$–$\bar{y}$–$\bar{z}$-Koordinatensystems

$$\vec{\omega}(t;\varepsilon) = \omega(t;\varepsilon)\,\mathfrak{e}_z \tag{2.3}$$

und den Winkel $\alpha(t;\varepsilon)$ zwischen den Vektoren $\mathfrak{e}_x$ und $\mathfrak{e}_{\bar{x}}$. Es gilt, wenn wir von der Annahme ausgehen, daß das Schiff sich ursprünglich $(t \to -\infty)$ geradlinig und parallel zur x-Achse bewegte:

$$\alpha(t;\varepsilon) = \int_{-\infty}^{t} \omega(\tau;\varepsilon)\,d\tau. \tag{2.4}$$

Damit können wir nun die Gleichungen zur Transformation vom ortsfesten ins mitgeführte Koordinatensystem und umgekehrt angeben zu

$$\begin{aligned}
x &= \bar{x}\cos\alpha(t;\varepsilon) + \bar{y}\sin\alpha(t;\varepsilon) & \bar{x} &= (x - x_c(t;\varepsilon))\cos\alpha(t;\varepsilon) \\
&\quad + x_c(t;\varepsilon), & &\quad - (y - y_c(t;\varepsilon))\sin\alpha(t;\varepsilon), \\
y &= -\bar{x}\sin\alpha(t;\varepsilon) & \bar{y} &= (x - x_c(t;\varepsilon))\sin\alpha(t;\varepsilon) \\
&\quad + \bar{y}\cos\alpha(t;\varepsilon) + y_c(t;\varepsilon), & &\quad + (y - y_c(t;\varepsilon))\cos\alpha(t;\varepsilon), \\
z &= \bar{z}, & \bar{z} &= z.
\end{aligned} \tag{2.5}$$

Die zugehörigen Koordinateneinheitsvektoren transformieren sich gemäß den Gleichungen:

$$
\begin{aligned}
e_x &= e_{\bar{x}} \cdot \cos\alpha(t;\varepsilon) + e_{\bar{y}} \sin\alpha(t;\varepsilon), & e_{\bar{x}} &= e_x \cos\alpha(t;\varepsilon) - e_y \sin\alpha(t;\varepsilon),\\
e_y &= -\, e_{\bar{x}} \sin\alpha(t;\varepsilon) + e_{\bar{y}} \cos\alpha(t;\varepsilon), & e_{\bar{y}} &= e_x \sin\alpha(t;\varepsilon) + e_y \cos\alpha(t;\varepsilon),\\
e_z &= e_{\bar{z}}, & e_{\bar{z}} &= e_z .
\end{aligned}
\tag{2.6}
$$

Aus den Gln. (2.1), (2.2) und (2.6) läßt sich noch eine wichtige Folgerung ziehen. Aus (2.1) und (2.2) folgt nämlich

$$s(t;\varepsilon)\, e_{\bar{x}} = \dot{x}_c(t;\varepsilon)\, e_x + \dot{y}_c(t;\varepsilon)\, e_y .$$

Setzen wir in die rechte Seite dieser Gleichung die ersten Transformationsformeln (2.6) ein, so ergibt sich:

$$
\begin{aligned}
s(t;\varepsilon)\, e_{\bar{x}} = {} & \{\dot{x}_c(t;\varepsilon)\cos\alpha(t;\varepsilon) - \dot{y}_c(t;\varepsilon)\sin\alpha(t;\varepsilon)\}\, e_{\bar{x}}\\
& + \{\dot{x}_c(t;\varepsilon)\sin\alpha(t;\varepsilon) + \dot{y}_c(t;\varepsilon)\cos\alpha(t;\varepsilon)\}\, e_{\bar{y}},
\end{aligned}
$$

und daraus folgen die beiden Gleichungen

$$\dot{x}_c(t;\varepsilon)\cos\alpha(t;\varepsilon) - \dot{y}_c(t;\varepsilon)\sin\alpha(t;\varepsilon) = s(t;\varepsilon), \tag{2.7}$$

$$\dot{x}_c(t;\varepsilon)\sin\alpha(t;\varepsilon) + \dot{y}_c(t;\varepsilon)\cos\alpha(t;\varepsilon) = 0. \tag{2.8}$$

Bevor wir zur Entwicklung der rechten Seiten der Transformationen (2.5) und (2.6) nach Potenzen von ε übergehen, sei noch folgendes angemerkt. Für das Geschwindigkeitspotential $\Phi(x, y, z, t; \varepsilon)$ hatten wir die Gültigkeit der Potenzreihenentwicklung

$$\Phi(x, y, z, t; \varepsilon) = \varepsilon\Phi_1(x, y, z, t) + \varepsilon^2\Phi_2(x, y, z, t) + \cdots \tag{2.9}$$

angenommen. Aus den übrigen Annahmen von Abschnitt 1 folgte dann wegen (1.17) für den hydrodynamischen Druck $P(x, y, z, t; \varepsilon) = \frac{1}{\rho}\, p(x, y, z, t; \varepsilon) + gz$ die Entwicklung

$$P(x, y, z, t; \varepsilon) = \varepsilon P_1(x, y, z, t) + \varepsilon^2 P_2(x, y, z, t) + \cdots. \tag{2.10}$$

Gemäß (2.5) haben wir für die betrachtete Bewegung im $\bar{x}$–$\bar{y}$–$\bar{z}$-Koordinatensystem das Geschwindigkeitspotential

$$
\begin{aligned}
\overline{\Phi}(\bar{x}, \bar{y}, \bar{z}, t; \varepsilon) \equiv \Phi(&\bar{x}\cos\alpha(t;\varepsilon) + \bar{y}\sin\alpha(t;\varepsilon) + x_c(t;\varepsilon),\\
&-\bar{x}\sin\alpha(t;\varepsilon) + \bar{y}\cos\alpha(t;\varepsilon) + y_c(t;\varepsilon), \bar{z}, t; \varepsilon)
\end{aligned}
\tag{2.11}
$$

und den hydrodynamischen Druck

$$
\begin{aligned}
\overline{P}(\bar{x}, \bar{y}, \bar{z}, t; \varepsilon) \equiv P(&\bar{x}\cos\alpha(t;\varepsilon) + \bar{y}\sin\alpha(t;\varepsilon) + x_c(t;\varepsilon),\\
&-\bar{x}\sin\alpha(t;\varepsilon) + \bar{y}\cos\alpha(t;\varepsilon) + y_c(t;\varepsilon), \bar{z}, t; \varepsilon).
\end{aligned}
\tag{2.12}
$$

Aus dem Bestehen der Entwicklungen (2.9) und (2.10) folgen dann für die Funktionen $\overline{\Phi}(\bar{x}, \bar{y}, \bar{z}, t; \varepsilon)$ und $\overline{P}(\bar{x}, \bar{y}, \bar{z}, t; \varepsilon)$ die Entwicklungen

$$\overline{\Phi}(\bar{x}, \bar{y}, \bar{z}, t; \varepsilon) = \varepsilon \cdot \overline{\Phi}_1(\bar{x}, \bar{y}, \bar{z}, t) + \varepsilon^2 \cdot \overline{\Phi}_2(\bar{x}, \bar{y}, \bar{z}, t) + \cdots, \tag{2.13}$$

$$\overline{P}(\bar{x}, \bar{y}, \bar{z}, t; \varepsilon) = \varepsilon \cdot \overline{P}_1(\bar{x}, \bar{y}, \bar{z}, t) + \varepsilon^2 \cdot \overline{P}_2(\bar{x}, \bar{y}, \bar{z}, t) + \cdots, \tag{2.14}$$

und es ist

$$\begin{aligned} \overline{\Phi}_1(\bar{x}, \bar{y}, \bar{z}, t) \equiv \Phi_1(&\bar{x} \cos \alpha(t; 0) + \bar{y} \sin \alpha(t; 0) + x_c(t; 0), \\ &- \bar{x} \sin \alpha(t; 0) + \bar{y} \cos \alpha(t; 0) + y_c(t; 0), \bar{z}, t), \end{aligned} \tag{2.15}$$

$$\begin{aligned} \overline{P}_1(\bar{x}, \bar{y}, \bar{z}, t) \equiv P_1(&\bar{x} \cos \alpha(t; 0) + \bar{y} \sin \alpha(t; 0) + x_c(t; 0), \\ &- \bar{x} \sin \alpha(t; 0) + \bar{y} \cos \alpha(t; 0) + y_c(t; 0), \bar{z}, t). \end{aligned} \tag{2.16}$$

Hieraus kann man dann noch ableiten, daß wegen (1.35) und (1.40) die Funktionen $\overline{\Phi}_1(\bar{x}, \bar{y}, \bar{z}, t)$, $\overline{P}_1(\bar{x}, \bar{y}, \bar{z}, t)$ den LAPLACE-Gleichungen

$$\Delta\overline{\Phi}_1(\bar{x}, \bar{y}, \bar{z}, t) = \overline{\Phi}_{1\bar{x}\bar{x}} + \overline{\Phi}_{1\bar{y}\bar{y}} + \overline{\Phi}_{1\bar{z}\bar{z}} = 0 \tag{2.17}$$

$$\Delta\overline{P}_1(\bar{x}, \bar{y}, \bar{z}, t) = \overline{P}_{1\bar{x}\bar{x}} + \overline{P}_{1\bar{y}\bar{y}} + \overline{P}_{1\bar{z}\bar{z}} = 0 \tag{2.18}$$

genügen.

Nunmehr werde noch angenommen, daß die Funktionen $x_c(t; \varepsilon)$, $y_c(t; \varepsilon)$, $s(t; \varepsilon)$, $\omega(t; \varepsilon)$ die für hinreichend kleines ε konvergenten Potenzreihenentwicklungen

$$x_c(t; \varepsilon) = x_{c0}(t) + \varepsilon x_{c1}(t) + \varepsilon^2 x_{c2}(t) + \cdots, \tag{2.19}$$

$$y_c(t; \varepsilon) = y_{c0}(t) + \varepsilon y_{c1}(t) + \varepsilon^2 y_{c2}(t) + \cdots, \tag{2.20}$$

$$s(t; \varepsilon) = s_0(t) + \varepsilon s_1(t) + \varepsilon^2 s_2(t) + \cdots, \tag{2.21}$$

$$\omega(t; \varepsilon) = \omega_0(t) + \varepsilon \omega_1(t) + \varepsilon^2 \omega_2(t) + \cdots \tag{2.22}$$

besitzen. Aus (2.4) und (2.22) folgt noch für $\alpha(t; \varepsilon)$ die Potenzreihe:

$$\alpha(t; \varepsilon) = \alpha_0(t) + \varepsilon \alpha_1(t) + \varepsilon^2 \alpha_2(t) + \cdots, \tag{2.23}$$

worin

$$\alpha_k(t) = \int_{-\infty}^{t} \omega_k(\tau)\, d\tau \qquad (k = 0, 1, 2, \ldots) \tag{2.24}$$

ist, vorausgesetzt, daß die Reihe (2.22) für $0 < \varepsilon < \varepsilon_0$ gleichmäßig in t, $-\infty < t < \infty$, konvergiert.

Nunmehr schreiten wir zur Entwicklung der rechten Seiten der Formeln (2.5) und (2.6) nach Potenzen von ε.

Wegen (2.23) gilt

$$\begin{aligned} \cos \alpha(t; \varepsilon) &= \cos \{\alpha_0(t) + \varepsilon [\alpha_1(t) + \varepsilon \alpha_2(t) + \cdots]\} \\ &= \cos \alpha_0(t) \cos \{\varepsilon \alpha_1(t) + \varepsilon^2 \alpha_2(t) + \cdots\} \\ &\quad - \sin \alpha_0(t) \sin \{\varepsilon \alpha_1(t) + \varepsilon^2 \alpha_2(t) + \cdots\}, \end{aligned}$$

$$\begin{aligned} \sin \alpha(t; \varepsilon) &= \sin \{\alpha_0(t) + \varepsilon [\alpha_1(t) + \varepsilon \alpha_2(t) + \cdots]\} \\ &= \sin \alpha_0(t) \cos \{\varepsilon \alpha_1(t) + \varepsilon^2 \alpha_2(t) + \cdots\} \\ &\quad + \cos \alpha_0(t) \sin \{\varepsilon \alpha_1(t) + \varepsilon^2 \alpha_2(t) + \cdots\}, \end{aligned}$$

und hieraus folgen dann die Entwicklungen

$$\cos \alpha(t;\varepsilon) = \cos \alpha_0(t) - \varepsilon \cdot \alpha_1(t) \cdot \sin \alpha_0(t) + \cdots, \tag{2.25}$$

$$\sin \alpha(t;\varepsilon) = \sin \alpha_0(t) + \varepsilon \cdot \alpha_1(t) \cdot \cos \alpha_0(t) + \cdots. \tag{2.26}$$

Setzt man die Entwicklungen (2.19), (2.20), (2.25) und (2.26) in die Transformationsformeln (2.5) und (2.6) ein, so erhält man:

$$\begin{aligned} x &= \bar{x} \cos \alpha_0(t) + \bar{y} \sin \alpha_0(t) + \bar{x}_{c0}(t) - \varepsilon \bar{x} \alpha_1(t) \sin \alpha_0(t) \\ &\quad + \varepsilon \bar{y} \alpha_1(t) \cos \alpha_0(t) + \varepsilon x_{c1}(t) + \cdots \\ y &= -\bar{x} \sin \alpha_0(t) + \bar{y} \cos \alpha_0(t) + y_{c0}(t) - \varepsilon \bar{x} \alpha_1(t) \cos \alpha_0(t) \\ &\quad - \varepsilon \bar{y} \alpha_1(t) \sin \alpha_0(t) + \varepsilon y_{c1}(t) + \cdots \\ z &= \bar{z}, \end{aligned} \tag{2.27}$$

$$\begin{aligned} \bar{x} &= (x - x_{c0}(t)) \cos \alpha_0(t) - (y - y_{c0}(t)) \sin \alpha_0(t) \\ &\quad - \varepsilon(x - x_{c0}(t)) \alpha_1(t) \sin \alpha_0(t) - \varepsilon(y - y_{c0}(t)) \alpha_1(t) \cos \alpha_0(t) \\ &\quad - \varepsilon x_{c1}(t) \cos \alpha_0(t) + \varepsilon y_{c1}(t) \sin \alpha_0(t) + \cdots \\ \bar{y} &= (x - x_{c0}(t)) \sin \alpha_0(t) + (y - y_{c0}(t)) \cos \alpha_0(t) \\ &\quad + \varepsilon(x - x_{c0}(t)) \alpha_1(t) \cos d_0(t) - \varepsilon(y - y_{c0}(t)) \alpha_1(t) \sin \alpha_0(t) \\ &\quad - \varepsilon x_{c1}(t) \sin \alpha_0(t) - \varepsilon y_{c1}(t) \cos \alpha_0(t) + \cdots \\ \bar{z} &= \bar{z} \end{aligned} \tag{2.28}$$

und

$$\begin{aligned} e_x &= e_{\bar{x}} \cos \alpha_0(t) + e_{\bar{y}} \sin \alpha_0(t) - \varepsilon e_{\bar{x}} \alpha_1(t) \sin \alpha_0(t) + \varepsilon e_{\bar{y}} \alpha_1(t) \cos \alpha_0(t) \\ e_y &= -e_{\bar{x}} \sin \alpha_0(t) + e_{\bar{y}} \cos \alpha_0(t) - \varepsilon e_{\bar{x}} \alpha_1(t) \cos \alpha_0(t) \\ &\quad - \varepsilon e_{\bar{y}} \alpha_1(t) \sin \alpha_0(t) \\ e_z &= e_{\bar{z}}, \end{aligned} \tag{2.29}$$

$$\begin{aligned} e_{\bar{x}} &= e_x \cos \alpha_0(t) - e_y \sin \alpha_0(t) - \varepsilon e_x \alpha_1(t) \sin \alpha_0(t) - \varepsilon e_y \alpha_1(t) \cos \alpha_0(t) \\ e_{\bar{y}} &= e_x \sin \alpha_0(t) + e_y \cos \alpha_0(t) + \varepsilon e_x \alpha_1(t) \cos \alpha_0(t) - \varepsilon e_y \alpha_1(t) \sin \alpha_0(t) \\ e_{\bar{z}} &= e_z. \end{aligned} \tag{2.30}$$

Weiter ist es nun zweckmäßig, neben den bereits eingeführten Koordinatensystemen noch ein drittes fest mit dem Schiff verbundenes $\bar{x}'$–$\bar{y}'$–$\bar{z}'$-Koordinatensystem zu betrachten. Nehmen wir an, daß die Oberfläche des Schiffes eine vertikale Symmetrieebene besitzt und diese Ebene ebenfalls Symmetrieebene für die Massenverteilung des Schiffes ist, so enthält diese Symmetrieebene den Schwerpunkt des Schiffes. Die $\bar{x}'$–$\bar{z}'$-Ebene des $\bar{x}'$–$\bar{y}'$–$\bar{z}'$-Koordinatensystems soll nun mit dieser Symmetrieebene zusammenfallen und die $\bar{z}'$-Achse durch den Schwerpunkt des Schiffes gehen. Ferner möge im ungestörten Gleichgewichtszustand das $\bar{x}'$–$\bar{y}'$–$\bar{z}'$-Koordinatensystem mit dem $\bar{x}$–$\bar{y}$–$\bar{z}$-Koordinatensystem zusammenfallen. Durch diese Forderungen ist das $\bar{x}'$–$\bar{y}'$–$\bar{z}'$-System eindeutig festgelegt. Der

Schwerpunkt des Schiffes hat in diesem System die Koordinaten $(0, 0, \bar{z}'_c)$. Da wir nur die Bewegung des Schiffes in der Umgebung einer geradlinigen und gleichförmigen Bewegung untersuchen wollen, dürfen wir annehmen, daß die Drehbewegung des $\bar{x}'$-$\bar{y}'$-$\bar{z}'$-Koordinatensystems gegenüber dem $\bar{x}$-$\bar{y}$-$\bar{z}$-System beschrieben wird durch einen Vektor

$$\vec{\vartheta}(t;\varepsilon) = \theta_1(t;\varepsilon)\, e_{\bar{x}'} + \theta_2(t;\varepsilon)\, e_{\bar{y}'} + \theta_3(t;\varepsilon)\, e_{\bar{z}'}. \tag{2.30a}$$

Ist dann $\bar{z}_c(t;\varepsilon)$ die $\bar{z}$-Koordinate des Schwerpunktes, so gelten bis auf Glieder zweiter Ordnung in den $\theta_i(t;\varepsilon)$ $(i = 1, 2, 3)$ die Transformationsformeln

$$\bar{\mathfrak{r}}' - (0, 0, \bar{z}'_c) = \bar{\mathfrak{r}} - (0, 0, \bar{z}_c(t;\varepsilon)) + \vec{\vartheta}(t;\varepsilon) \times \{\bar{\mathfrak{r}} - (0, 0, \bar{z}_c(t;\varepsilon))\}$$

oder

$$\bar{\mathfrak{r}} - (0, 0, \bar{z}_c(t;\varepsilon)) = \bar{\mathfrak{r}}' - (0, 0, \bar{z}'_c) - \vec{\vartheta}(t;\varepsilon) \times \{\bar{\mathfrak{r}}' - (0, 0, \bar{z}'_c)\}.$$

In Koordinatenschreibweise lauten diese Transformationsformeln:

$$\begin{aligned} \bar{x}' &= \bar{x} - \theta_3(t;\varepsilon)\,\bar{y} + \theta_2(t;\varepsilon)\,(\bar{z} - \bar{z}_c(t;\varepsilon)) \\ \bar{y}' &= \bar{y} - \theta_1(t;\varepsilon)\,(\bar{z} - \bar{z}_c(t;\varepsilon)) + \theta_3(t;\varepsilon)\,\bar{x} \\ \bar{z}' &= \bar{z} - (\bar{z}_c(t;\varepsilon) - \bar{z}'_c) - \theta_2(t;\varepsilon)\,\bar{x} + \theta_1(t;\varepsilon)\,\bar{y} \end{aligned} \tag{2.31}$$

und

$$\begin{aligned} \bar{x} &= \bar{x}' + \theta_3(t;\varepsilon)\,\bar{y}' - \theta_2(t;\varepsilon)\,(\bar{z}' - \bar{z}'_c) \\ \bar{y} &= \bar{y}' + \theta_1(t;\varepsilon)\,(\bar{z}' - \bar{z}'_c) - \theta_3(t;\varepsilon)\,\bar{x}' \\ \bar{z} &= \bar{z}' - (\bar{z}'_c - \bar{z}_c(t;\varepsilon)) + \theta_2(t;\varepsilon)\,\bar{x}' - \theta_1(t;\varepsilon)\,\bar{y}'. \end{aligned} \tag{2.32}$$

Wir nehmen jetzt noch die Gültigkeit der folgenden Potenzreihenentwicklungen an:

$$\theta_i(t;\varepsilon) = \varepsilon \cdot \theta_{i1}(t) + \varepsilon^2 \cdot \theta_{i2}(t) + \cdots \quad (i = 1, 2, 3), \tag{2.33}$$

$$\bar{z}_c(t;\varepsilon) - \bar{z}'_c = \varepsilon \cdot z_1(t) + \varepsilon^2 \cdot z_2(t) + \cdots. \tag{2.34}$$

Diese Entwicklungen bringen unsere Forderung zum Ausdruck, daß die Bewegung des Schiffes gegenüber dem $\bar{x}$-$\bar{y}$-$\bar{z}$-Koordinatensystem beschrieben wird durch Größen, die mit $\varepsilon \to 0$ ebenfalls gegen Null streben. Setzen wir die Entwicklungen (2.33) und (2.34) in die Systeme (2.31) und (2.32) ein, so erhalten wir die Transformationsgleichungen

$$\begin{aligned} \bar{x}' &= \bar{x} - \varepsilon\theta_{31}(t)\,\bar{y} + \varepsilon\theta_{21}(t)\,(\bar{z} - \bar{z}'_c) + \cdots \\ \bar{y}' &= \bar{y} - \varepsilon\theta_{11}(t)\,(\bar{z} - \bar{z}'_c) + \varepsilon\theta_{31}(t)\,\bar{x} + \cdots \\ \bar{z}' &= \bar{z} - \varepsilon z_1(t) - \varepsilon\theta_{21}(t)\,\bar{x} + \varepsilon\theta_{11}(t)\,\bar{y} + \cdots \end{aligned} \tag{2.35}$$

und

$$\begin{aligned} \bar{x} &= \bar{x}' + \varepsilon\theta_{31}(t)\,\bar{y}' - \varepsilon\theta_{21}(t)\,(\bar{z}' - \bar{z}'_c) + \cdots \\ \bar{y} &= \bar{y}' + \varepsilon\theta_{11}(t)\,(\bar{z}' - \bar{z}'_c) - \varepsilon\theta_{31}(t)\,\bar{x}' + \cdots \\ \bar{z} &= \bar{z}' + \varepsilon z_1(t) + \varepsilon\theta_{21}(t)\,\bar{x}' - \varepsilon\theta_{11}(t)\,\bar{y}' + \cdots, \end{aligned} \tag{2.36}$$

welche bis auf Glieder zweiter Ordnung in ε korrekt sind. Den Transformationsgleichungen (2.35) und (2.36) entsprechen die folgenden Transformationsformeln für die Koordinateneinheitsvektoren:

$$
\begin{aligned}
e_{\bar{x}'} &= e_{\bar{x}} - \varepsilon\theta_{31}(t)\, e_{\bar{y}} + \varepsilon\theta_{21}(t)\, e_{\bar{z}} + \cdots, \\
e_{\bar{x}} &= e_{\bar{x}'} + \varepsilon\theta_{31}(t)\, e_{\bar{y}'} - \varepsilon\theta_{21}(t)\, e_{\bar{z}'} + \cdots, \\
e_{\bar{y}'} &= + \varepsilon\theta_{31}(t)\, e_{\bar{x}} + e_{\bar{y}} - \varepsilon\theta_{11}(t)\, e_{\bar{z}} + \cdots, \\
e_{\bar{y}} &= - \varepsilon\theta_{31}(t)\, e_{\bar{x}'} + e_{\bar{y}'} + \varepsilon\theta_{11}(t)\, e_{\bar{z}'} + \cdots, \\
e_{\bar{z}'} &= - \varepsilon\theta_{21}(t)\, e_{\bar{x}} + \varepsilon\theta_{11}(t)\, e_{\bar{y}} + e_{\bar{z}} + \cdots, \\
e_{\bar{z}} &= + \varepsilon\theta_{21}(t)\, e_{\bar{x}'} - \varepsilon\theta_{11}(t)\, e_{\bar{y}'} + e_{\bar{z}'} + \cdots,
\end{aligned}
\tag{2.37}
$$

die bis auf Glieder zweiter Ordnung in ε korrekt sind.
Setzen wir schließlich noch die Transformationsgleichungen (2.28) in die Transformationsgleichungen (2.35) ein, so erhalten wir für den Übergang vom schiffsfesten Koordinatensystem zum ortsfesten Koordinatensystem die bis auf Glieder zweiter Ordnung in ε korrekten Transformationsgleichungen:

$$
\begin{aligned}
\bar{x}' &= (x - x_{c0}(t)) \cos\alpha_0(t) - (y - y_{c0}(t)) \sin\alpha_0(t) - \varepsilon(x - x_{c0}(t))\,\{\theta_{31}(t) \\
&\quad + \alpha_1(t)\} \sin\alpha_0(t) - \varepsilon(y - y_{c0}(t))\,\{\theta_{31}(t) + \alpha_1(t)\} \cos\alpha_0(t) \\
&\quad - \varepsilon x_{c1}(t) \cos\alpha_0(t) + \varepsilon y_{c1}(t) \sin\alpha_0(t) + \varepsilon\theta_{21}(t)\,(z - \bar{z}'_c) + \cdots \\
\bar{y}' &= (x - x_{c0}(t)) \sin\alpha_0(t) + (y - y_{c0}(t)) \cos\alpha_0(t) + \varepsilon(x - x_{c0}(t))\,\{\theta_{31}(t) \\
&\quad + \alpha_1(t)\} \cos\alpha_0(t) - \varepsilon(y - y_{c0}(t))\,\{\theta_{31}(t) + \alpha_1(t)\} \sin\alpha_0(t) \\
&\quad - \varepsilon x_{c1}(t) \sin\alpha_0(t) - \varepsilon y_{c1}(t) \cos\alpha_0(t) - \varepsilon\theta_{11}(t)\,(z - \bar{z}'_c) + \cdots \\
\bar{z}' &= z - \varepsilon z_1(t) - \varepsilon(x - x_{c0}(t))\,\{\theta_{21}(t) \cos\alpha_0(t) - \theta_{11}(t) \sin\alpha_0(t)\} \\
&\quad + \varepsilon(y - y_{c0}(t))\,\{\theta_{21}(t) \sin\alpha_0(t) + \theta_{11}(t) \cos\alpha_0(t)\} + \cdots.
\end{aligned}
\tag{2.38}
$$

Die zugehörige Umkehrtransformation erhalten wir durch Einsetzen der Transformationsgleichungen (2.36) in die Transformationsgleichungen (2.27). Es gilt:

$$
\begin{aligned}
x &= \bar{x}' \cos\alpha_0(t) + \bar{y}' \sin\alpha_0(t) + x_{c0}(t) - \varepsilon\bar{x}'\,\{\theta_{31}(t) + \alpha_1(t)\} \sin\alpha_0(t) \\
&\quad + \varepsilon\bar{y}'\,\{\theta_{31}(t) + \alpha_1(t)\} \cos\alpha_0(t) \\
&\quad - \varepsilon(\bar{z}' - \bar{z}'_c)\,\{\theta_{21}(t) \cos\alpha_0(t) - \theta_{11}(t) \sin\alpha_0(t)\} + \varepsilon x_{c1}(t) + \cdots \\
y &= - \bar{x}' \sin\alpha_0(t) + \bar{y}' \cos\alpha_0(t) + y_{c0}(t) - \varepsilon\bar{x}'\,\{\theta_{31}(t) + \alpha_1(t)\} \cos\alpha_0(t) \\
&\quad - \varepsilon\bar{y}'\,\{\theta_{31}(t) + \alpha_1(t)\} \sin\alpha_0(t) \\
&\quad + \varepsilon(\bar{z}' - \bar{z}'_c)\,\{\theta_{21}(t) \sin\alpha_0(t) + \theta_{11}(t) \cos\alpha_0(t)\} + \varepsilon y_{c1}(t) + \cdots \\
z &= \bar{z}' + \varepsilon z_1(t) + \varepsilon\theta_{21}(t)\,\bar{x}' - \varepsilon\theta_{11}(t)\,\bar{y}' + \cdots.
\end{aligned}
\tag{2.39}
$$

Für die Transformation der Koordinateneinheitsvektoren ergibt sich aus (2.38) und (2.39):

$$
\begin{aligned}
e_{\bar{x}'} &= e_x \cos \alpha_0(t) - e_y \sin \alpha_0(t) - \varepsilon \{\theta_{31}(t) + \alpha_1(t)\} \{e_x \sin \alpha_0(t) \\
&\quad + e_y \cos \alpha_0(t)\} + \varepsilon \theta_{21}(t)\, e_z + \cdots \\
e_{\bar{y}'} &= e_x \sin \alpha_0(t) + e_y \cos \alpha_0(t) + \varepsilon \{\theta_{31}(t) + \alpha_1(t)\} \{e_x \cos \alpha_0(t) \\
&\quad - e_y \sin \alpha_0(t)\} - \varepsilon \theta_{11}(t)\, e_z + \cdots \qquad (2.40) \\
e_{\bar{z}'} &= e_z - \varepsilon \{\theta_{21}(t) \cos \alpha_0(t) - \theta_{11}(t) \sin \alpha_0(t)\}\, e_x + \varepsilon \{\theta_{21}(t) \sin \alpha_0(t) \\
&\quad + \theta_{11}(t) \cos \alpha_0(t)\}\, e_y + \cdots
\end{aligned}
$$

und

$$
\begin{aligned}
e_x &= e_{\bar{x}'} \cos \alpha_0(t) + e_{\bar{y}'} \sin \alpha_0(t) - \varepsilon \{\theta_{31}(t) + \alpha_1(t)\} \{e_{\bar{x}'} \sin \alpha_0(t) \\
&\quad - e_{\bar{y}'} \cos \alpha_0(t)\} - \varepsilon e_{\bar{z}'} \{\theta_{21}(t) \cos \alpha_0(t) - \theta_{11}(t) \sin \alpha_0(t)\} + \cdots \\
e_y &= - e_{\bar{x}'} \sin \alpha_0(t) + e_{\bar{y}'} \cos \alpha_0(t) - \varepsilon \{\theta_{31}(t) + \alpha_1(t)\} \{e_{\bar{x}'} \cos \alpha_0(t) \qquad (2.41) \\
&\quad + e_{\bar{y}'} \sin \alpha_0(t)\} + \varepsilon e_{\bar{z}'} \{\theta_{21}(t) \sin \alpha_0(t) + \theta_{11}(t) \cos \alpha_0(t)\} + \cdots \\
e_z &= e_{\bar{z}'} + \varepsilon \theta_{21}(t)\, e_{\bar{x}'} - \varepsilon \theta_{11}(t)\, e_{\bar{y}'} + \cdots .
\end{aligned}
$$

Bei der Ableitung der Randbedingungen an der Schiffsoberfläche werden wir zeigen, daß

$$\dot{\alpha}_0(t) = 0 \qquad (2.42)$$

ist. Daraus folgt dann

$$\alpha_0(t) \equiv \text{const.} \qquad (2.43)$$

Nun wollten wir den Begegnungs- oder Überholungsvorgang von Schiffen betrachten, bei dem wir also voraussetzen können, daß beide Schiffe sich für $t = -\infty$ auf einem Kurs parallel zur x-Achse bewegen. Mithin folgt aus (2.43)

$$\alpha_0(t) \equiv 0. \qquad (2.44)$$

Hieraus wollen wir nun noch weitere Schlüsse ziehen.
Setzt man die Entwicklungen (2.19)–(2.21) und (2.25) und (2.26) in die Gln. (2.7) und (2.8) ein, so erhält man für die Glieder nullter Ordnung in ε die folgenden Bedingungsgleichungen:

$$\dot{x}_{c0}(t) \cos \alpha_0(t) - \dot{y}_{c0}(t) \sin \alpha_0(t) = s_0(t) \qquad (2.45)$$

$$\dot{x}_{c0}(t) \sin \alpha_0(t) + \dot{y}_{c0}(t) \cos \alpha_0(t) = 0. \qquad (2.46)$$

Mit $\alpha_0(t) \equiv 0$ gehen diese Gleichungen über in

$$\dot{x}_{c0}(t) = s_0(t) \qquad (2.47)$$

$$\dot{y}_{c0}(t) = 0. \qquad (2.48)$$

Und damit gilt also, wenn der Schiffsschwerpunkt bezüglich des ortsfesten x–y–z-Koordinatensystems im Zeitpunkt $t = t_0$ die x-Koordinate Null und die y-Koordinate y_{c0} haben soll:

$$x_{c0}(t) = \int_{t_0}^{t} s_0(\tau)\, d\tau, \tag{2.49}$$

$$y_{c0}(t) = y_{c0} = \text{const.} \tag{2.50}$$

Zwecks späterer Verwendung sei noch angemerkt, daß die Glieder erster Ordnung in (2.7) und (2.8) auf die Bedingungsgleichungen

$$\dot{x}_{c1}(t) \cos \alpha_0(t) - \dot{x}_{c0}(t)\, \alpha_1(t) \sin \alpha_0(t) - \dot{y}_{c1}(t) \sin \alpha_0(t) - \dot{y}_{c0}(t)\, \alpha_1(t) \cos \alpha_0(t) = s_1(t), \tag{2.51}$$

$$\dot{x}_{c1}(t) \sin \alpha_0(t) + \dot{x}_{c0}(t)\, \alpha_1(t) \cos \alpha_0(t) + \dot{y}_{c1}(t) \cos \alpha_0(t) - \dot{y}_{c0}(t)\, \alpha_1(t) \sin \alpha_0(t) = 0 \tag{2.52}$$

führen. Ist $\alpha_0(t) \equiv 0$, so folgen hieraus die Relationen:

$$\dot{x}_{c1}(t) - \dot{y}_{c0}(t)\, \alpha_1(t) = s_1(t) \quad \text{oder [wegen (2.48)]} \quad \dot{x}_{c1}(t) = s_1(t) \tag{2.53}$$

und

$$\dot{x}_{c0}(t)\, \alpha_1(t) + \dot{y}_{c1}(t) = 0 \quad \text{oder [wegen (2.47)]} \quad s_0(t)\, \alpha_1(t) + \dot{y}_{c1}(t) = 0. \tag{2.54}$$

3. Die Randbedingungen an der Schiffsoberfläche

In den vorigen Abschnitten haben wir mit Hilfe eines Parameters ε eine Linearisierung durchgeführt. Dabei wurde aber nicht gesagt, woher dieser Parameter ε eigentlich kommt. Es wurde lediglich angenommen, daß für $\varepsilon \to 0$ der ungestörte Gleichgewichtszustand erhalten werden sollte.

MICHELL [6] hat als erster eine linearisierte Theorie zur Erfassung der Wellenfelder und Widerstände von Schiffen aufgestellt. Hierbei legte er Schiffsformen zugrunde, bei denen das Verhältnis der Schiffsbreite zur Schiffslänge klein war. Betrachtet wurde eine gleichförmige Bewegung dieser Schiffe parallel zu ihrer Mittschiffsebene. Schiffsoberflächen der von MICHELL betrachteten Art können nun, wenn ein schiffsfestes $\bar{x}'$–$\bar{y}'$–$\bar{z}'$-Koordinatensystem, wie wir es vorhin eingeführt haben, zugrunde gelegt wird, in der Form

$$\bar{y}' = \pm\, h(\bar{x}', \bar{z}') \qquad \bar{y}' \gtrless 0$$

dargestellt werden.

Die Funktion $h(\bar{x}', \bar{z}')$ ist dabei in einem Bereich $\bar{A}'$ der $\bar{x}'$–$\bar{z}'$-Ebene definiert. Wesentlich für unseren Linearisierungsprozeß ist es nun, daß nicht nur eine einzelne solche Schiffsform betrachtet wird, sondern eine ganze Familie von Schiffsformen, gegeben durch die vom »Schlankheitsparameter« ε abhängige Gleichung

$$\bar{y}' = \pm\, \varepsilon \cdot h(\bar{x}', \bar{z}') \qquad \bar{y}' \gtrless 0, \bar{x}', \bar{z}' \text{ in } \bar{A}'. \tag{3.1}$$

Für $\varepsilon \to 0$ würde sich die Schiffsoberfläche auf den Bereich $\bar{A}'$ der $\bar{x}'$–$\bar{z}'$-Ebene zusammenziehen, und eine gleichförmige translatorische Bewegung würde im Rahmen der Potentialtheorie zu keinen Wellenerscheinungen führen.

Schiffe der Form (3.1) werden hingegen für kleine Werte von $\varepsilon \neq 0$ sowohl bei translatorischer Bewegung mit konstanter Geschwindigkeit parallel zur $\bar{x}'$-Achse als auch bei einer Bewegung, die sich zusammensetzt aus einer solchen translatorischen und ihr überlagerten kleinen Schwingungen, wie sie entweder bei Schiffen im Seegang oder auch bei den hier zu betrachtenden Begegnungs- und Überholungsvorgängen auftritt, ein Wellenfeld mit kleiner Amplitude erzeugen, so daß der Ansatz (1.11) für das Potential etc. gerechtfertigt ist.

Nunmehr können wir zur Ableitung der Randbedingung an der Schiffsoberfläche übergehen.

Ist $H(x, y, z, t; \varepsilon) = 0$ die Gleichung der Schar der Schiffsoberflächen im ortsfesten x–y–z-Koordinatensystem, so lautet die kinematische Randbedingung an der Schiffsoberfläche

$$\frac{dH}{dt} = \Phi_x H_x + \Phi_y H_y + \Phi_z H_z + H_t = 0 \quad \text{für} \quad H(x, y, z, t; \varepsilon) = 0. \tag{3.2}$$

Nun ist die Gleichung der Schiffsoberfläche zunächst nur im schiffsfesten $\bar{x}'$–$\bar{y}'$–$\bar{z}'$-Koordinatensystem bekannt, Gl. (3.1). Vermöge der Transformation (2.38) können wir uns nun aber auch die für (3.2) benötigte Gleichung der Schiffsoberfläche im x–y–z-Koordinatensystem verschaffen. Hierzu haben wir nur die Transformation (2.38) in die Gleichung der Schiffsoberfläche im schiffsfesten System

$$\bar{H}(\bar{x}', \bar{y}', \bar{z}'; \varepsilon) \equiv \bar{y}' \mp \varepsilon h(\bar{x}', \bar{z}') = 0 \qquad \bar{y}' \gtrless 0, \bar{x}', \bar{z}' \text{ in } \bar{A}' \tag{3.3}$$

einzusetzen. Zur Durchführung eines Linearisierungsprozesses benötigt man dann insbesondere die Entwicklung der Gleichung der Schiffsoberfläche (im x–y–z-Koordinatensystem) nach Potenzen von ε. Unter Berücksichtigung von (2.38) erhält man:

$$\begin{aligned} H(x, y, z, t; \varepsilon) &= \bar{H}(\bar{x}', \bar{y}', \bar{z}'; \varepsilon)\,|_{\varepsilon=0} \\ &\quad + \varepsilon \left[\bar{H}_{\bar{x}'} \frac{d\bar{x}'}{d\varepsilon} + \bar{H}_{\bar{y}'} \frac{d\bar{y}'}{d\varepsilon} + \bar{H}_{\bar{z}'} \frac{d\bar{z}'}{d\varepsilon} + \bar{H}_{\varepsilon}\right]_{\varepsilon=0} + \cdots \\ &= (x - x_{c0}(t)) \sin \alpha_0(t) + (y - y_{c0}(t)) \cos \alpha_0(t) \\ &\quad + \varepsilon\,[(x - x_{c0}(t))\,\{\theta_{31}(t) + \alpha_1(t)\} \cos \alpha_0(t) \\ &\quad - (y - y_{c0}(t))\,\{\theta_{31}(t) + \alpha_1(t)\} \sin \alpha_0(t) \\ &\quad - x_{c1}(t) \sin \alpha_0(t) - y_{c1}(t) \cos \alpha_0(t) - \vartheta_{11}(t)\,(z - z_c') \\ &\quad \mp h(\{x - x_{c0}(t)\} \cos \alpha_0(t) - \{y - y_{c0}(t)\} \sin \alpha_0(t), z)] + \cdots = 0. \end{aligned} \tag{3.4}$$

Zur Abkürzung schreiben wir (3.4) in der Form

$$\begin{aligned} H(x, y, z, t; \varepsilon) &= H_0(x, y, z, t) + \varepsilon H_1(x, y, z, t) \\ &\quad + \varepsilon^2 H_2(x, y, z, t) + \cdots = 0. \end{aligned} \tag{3.5}$$

Geht man nunmehr mit den Entwicklungen (1.11) und (3.5) in die Bedingung (3.2) hinein, so erhält man:

$$\begin{aligned} &[\varepsilon \Phi_{1x} + \cdots]\,[H_{0x} + \varepsilon H_{1x} + \cdots] + [\varepsilon \Phi_{1y} + \cdots]\,[H_{0y} + \varepsilon H_{1y} + \cdots] \\ &\quad + [\varepsilon \Phi_{1z} + \cdots]\,[H_{0z} + \varepsilon H_{1z} + \cdots] + H_{0t} + \varepsilon H_{1t} + \cdots = 0. \end{aligned} \tag{3.6}$$

Der Term nullter Ordnung in (3.6) führt dann auf die Bedingungsgleichung

$$H_{0t} = 0. \tag{3.7}$$

Der Term erster Ordnung von (3.6) führt auf die Bedingung

$$\Phi_{1x} H_{0x} + \Phi_{1y} H_{0y} + \Phi_{1z} H_{0z} + H_{1t} = 0, \quad \text{usw.} \tag{3.8}$$

Die Bedingungen (3.7) und (3.8) sind auf der Fläche

$$H_0(x, y, z, t) \equiv (x - x_{c0}(t)) \sin \alpha_0(t) + (y - y_{c0}(t)) \cos \alpha_0(t) = 0 \qquad \text{xyz in A} \tag{3.9}$$

zu erfüllen, wobei der hier auftretende Bereich A für x, y, z aus dem Bereich $\overline{A}'$ für $\overline{x}', \overline{y}', \overline{z}'$ erhalten wird vermöge der aus (2.39) für $\varepsilon = 0$ folgenden Transformationsgleichungen

$$\begin{aligned} x &= \overline{x}' \cos \alpha_0(t) + \overline{y}' \sin \alpha_0(t) + x_{c0}(t) \\ y &= -\overline{x}' \sin \alpha_0(t) + \overline{y}' \cos \alpha_0(t) + y_{c0}(t) \\ z &= \overline{z}'. \end{aligned} \tag{3.10}$$

Zunächst betrachten wir die Relation (3.7). Mit $H_0(x, y, z, t)$ nach (3.9) lautet (3.7):

$$\begin{aligned} &\dot{\alpha}_0(t) \{(x - x_{c0}(t)) \cos \alpha_0(t) - (y - y_{c0}(t)) \sin \alpha_0(t)\} \\ &\qquad - \dot{x}_c(t) \sin \alpha_0(t) - \dot{y}_{c0}(t) \cos \alpha_0(t) = 0 \qquad x, y, z \text{ in } A. \end{aligned} \tag{3.11}$$

Beachtet man noch die Relation (2.46) und daß nach (2.38) oder (3.16)

$$\overline{x}' |_{\varepsilon=0} = (x - x_{c0}(t)) \cos \alpha_0(t) + (y - y_{c0}(t)) \sin \alpha_0(t) \qquad x, y, z \text{ in } A$$

gilt, so geht (3.11) über in

$$\dot{\alpha}_0(t)\, \overline{x}' = 0 \qquad \overline{x}', \overline{y}', \overline{z}' \text{ in } \overline{A}'. \tag{3.12}$$

Daraus folgt aber

$$\dot{\alpha}_0(t) = 0. \tag{3.13}$$

In (2.42)–(2.50) hatten wir abgeleitet, daß sich aus $\dot{\alpha}_0(t) = 0$ ergibt

$$\alpha_0(t) = 0, \quad x_{c0}(t) = \int_{t_0}^{t} s_0(\tau)\, d\tau, \quad y_{c0}(t) = y_{c0} = \text{const}. \tag{3.14}$$

Unter Berücksichtigung dieser Relationen erhalten wir jetzt aus (3.8) unter Beachtung von (3.4) und (3.5):

$$\begin{aligned} \Phi_{1y} = &-(\dot{\theta}_{31}(t) + \dot{\alpha}_1(t))(x - x_{c0}(t)) + (\theta_{31}(t) + \alpha_1(t))\, \dot{x}_{c0}(t) \\ &+ \dot{y}_{c1}(t) + \theta_{11}(t)(z - \overline{z}'_c) \mp h_{\overline{x}'}(x - x_{c0}(t), z) \cdot \dot{x}_{c0}(t) \\ &\qquad x, y, z \text{ in } A_{\pm}, \end{aligned} \tag{3.15}$$

wobei der hier auftretende Bereich A für x, y, z aus dem Bereich $\overline{A}'$ für $\overline{x}', \overline{y}', \overline{z}'$ erhalten wird mittels der aus (3.10) für $\alpha_0(t) \equiv 0$ folgenden Transformationsformeln:

$$\begin{aligned} x &= \overline{x}' + x_{c0}(t) \\ y &= \overline{y}' + y_{c0} \\ z &= \overline{z}'. \end{aligned} \tag{3.16}$$

Berücksichtigt man noch (2.54), (3.14) und $\dot{x}_{c0}(t) = s_0(t)$, $\dot{\alpha}_1(t) = \omega_1(t)$, so erhalten wir schließlich als Randbedingung an der Schiffsoberfläche:

$$\begin{aligned} \Phi_{1y} = &\, s_0(t) [\theta_{31}(t) \mp h_{\overline{x}'}(x - \int_{t_0}^{t} s_0(\tau)\, d\tau, z)] - (x - \int_{t_0}^{t} s_0(\tau)\, d\tau)\, \omega_1(t) \\ &- (x - \int_{t_0}^{t} s_0(\tau)\, d\tau)\, \dot{\theta}_{31}(t) + (z - \overline{z}'_c)\, \dot{\theta}_{11}(t) \qquad x, y, z \text{ in } A_{\pm}. \end{aligned} \tag{3.17}$$

Führen wir in (3.17) noch an Stelle des Geschwindigkeitspotentials Φ_1 das Druckpotential

$$P_1(x, y, z, t) = - \Phi_{1t}(x, y, z, t)$$

ein und nehmen wir noch das Resultat des 8. Abschnittes

$$s_0(t) = s_0 = \text{const}$$

vorweg, so erhalten wir für $P_1(x, y, z, t)$ die folgende Randbedingung an der Schiffsoberfläche:

$$\begin{aligned} P_{1y} = &\mp s_0^2 h_{\bar{x}', \bar{x}'}(x - s_0(t - t_0), z) - s_0 \omega_1(t) - 2 s_0 \dot{\vartheta}_{31}(t) \\ &+ (x - s_0(t - t_0))\, \dot{\omega}_1(t) + (x - s_0(t - t_0))\, \ddot{\theta}_{31}(t) + (z - \bar{z}_c')\, \ddot{\theta}_{11}(t) \qquad (3.18) \\ &\qquad x, y, z \text{ in } A_\pm . \end{aligned}$$

Der hierbei auftretende Bereich A für x, y, z berechnet sich aus dem Bereich $\bar{A}'$ für $\bar{x}', \bar{y}', \bar{z}'$ nach den Transformationsformeln (3.16) mit $x_{c0}(t) = s_0(t - t_0)$.

4. Das beim Begegnen oder Überholen von Schiffen auftretende lineare Randwertproblem

Nach diesen Vorbereitungen sind wir jetzt in der Lage, das Begegnen oder Überholen von Schiffen als lineares Randwertproblem zu formulieren.
Wir nehmen an, daß das Schiff 1 sich unter der Einwirkung des konstanten Propellerschubs T_1, das Schiff 2 sich unter der Einwirkung des konstanten Propellerschubs T_2 bewegt. Die Kräfte T_1 bzw. T_2 sollen in Richtung der $\overline{x}'^{(1)}$- bzw. $\overline{x}'^{(2)}$-Achse wirken. Die oberen Indizes (1) bzw. (2) bedeuten hierbei, daß es sich um (schiffsfeste) Koordinaten bezüglich des Schiffes 1 bzw. 2 handelt. Ist $s_0^{(i)}$ die Geschwindigkeit, die das Schiff i als Einzelschiff in ruhiger See unter dem Einfluß des konstanten Propellerschubes T_i erreicht $(i = 1, 2)$, so sollen beim Überholungsvorgang nur solche T_1, T_2 betrachtet werden, für die $s_0^{(1)} \neq s_0^{(2)}$ ist. (Der Fall $s_0^{(1)} = s_0^{(2)}$ ist in der Literatur hinreichend behandelt [1, 4, 8]). Für $t = -\infty$, d. h. zu einem Zeitpunkt, wo noch keine gegenseitige Beeinflussung der Schiffe auftritt, sollen T_1 und T_2 parallel zur x-Achse (ortsfest) wirken. Ferner sollen die Schwerpunkte der Schiffe 1 bzw. 2 für $t = -\infty$ die y-Koordinaten $y_{c0}^{(1)}$ bzw. $y_{c0}^{(2)}$ haben. $\overline{A}'^{(1)}$ bzw. $\overline{A}'^{(2)}$ seien die Projektionen der Schiffsoberflächen $S^{(1)}$ bzw. $S^{(2)}$ auf die $\overline{x}'^{(1)}$–$\overline{z}'^{(1)}$- bzw. $\overline{x}'^{(2)}$–$\overline{z}'^{(2)}$-Ebene der schiffsfesten $\overline{x}'^{(1)}$–$\overline{y}'^{(1)}$–$\overline{z}'^{(1)}$- bzw. $\overline{x}'^{(2)}$–$\overline{y}'^{(2)}$–$\overline{z}'^{(2)}$-Koordinatensysteme.
Die in Abschnitt 1 bezüglich des ortsfesten Koordinatensystems abgeleitete Differentialgleichung und Randbedingung für eine Theorie niedrigster Ordnung können dann direkt übernommen werden. Ferner haben die Überlegungen der Abschnitte 2–3 und die des späteren Abschnitts 8 Gültigkeit für jedes einzelne der beiden Schiffe. Insbesondere ergibt sich als Ergebnis dieser Abschnitte, daß man für $P_1(x, y, z, t)$ an den Schiffsoberflächen die entsprechenden Randbedingungen (3.18) zu erfüllen hat. Damit erhalten wir beim Begegnen oder Überholen von Schiffen für den hydrodynamischen Druck $P_1(x, y, z, t)$ aus (1.40)–(1.42) und (3.18) das folgende Randwertproblem:

$$\Delta P_1(x, y, z, t) = P_{1xx} + P_{1yy} + P_{1zz} = 0 \quad \text{für} \begin{cases} -h < z < 0 \\ \text{außerhalb } A^{(1)} \text{ und } A^{(2)}, \end{cases} \tag{4.1}$$

$$P_{1z}(x, y, z, t) = 0 \quad \text{für} \quad z = -h, \tag{4.2}$$

$$g P_{1z}(x, y, 0, t) + P_{1tt}(x, y, 0, t) = 0, \tag{4.3}$$

$$\begin{aligned} P_{1y} = {} & \mp (s_0^{(1)})^2 h^{(1)}_{\overline{x}'^{(1)}\overline{x}'^{(1)}}(x - s_0^{(1)} t, z) - s_0^{(1)} \omega_1^{(1)}(t) - 2 s_0^{(1)} \dot\theta_{31}^{(1)}(t) \\ & + (x - s_0^{(1)} t)\, \dot\omega_1^{(1)}(t) + (x - s_0^{(1)} t)\, \ddot\theta_{31}^{(1)}(t) - (z - \overline{z}'^{(1)}_c)\, \ddot\theta_{11}^{(1)}(t), \end{aligned} \tag{4.4}$$

$$x, y, z \text{ in } A_{\pm}^{(1)}$$

$$P_{1y} = \mp (s_0^{(2)})^2 \, h^{(2)}_{\bar{x}'(2)\bar{x}'(2)}(x - s_0^{(2)} t, z) - s_0^{(2)} \omega_1^{(2)}(t) - 2 s_\zeta^{(2)} \dot{\theta}_{31}^{(2)}(t)$$
$$+ (x - s_0^{(2)} t) \dot{\omega}_1^{(2)}(t) + (x - s_0^{(2)} t) \ddot{\theta}_{31}^{(2)}(t) - (z - \bar{z}'_{c}{}^{(2)}) \ddot{\theta}_{11}^{(2)}(t) \tag{4.5}$$
$$x, y, z \text{ in } A_{\pm}^{(2)}.$$

Die Bereiche $A^{(i)}$ für x, y, z berechnen sich hierbei aus den Bereichen $\bar{A}'^{(i)}$ für $\bar{x}'^{(i)}$, $\bar{y}'^{(i)}$, $\bar{z}'^{(i)}$ nach den Transformationsformeln

$$\begin{aligned} x &= \bar{x}'^{(i)} + s_0^{(i)} t \\ y &= \bar{y}'^{(i)} + y_{c0}^{(i)} \qquad (i = 1, 2) \\ z &= \bar{z}'^{(i)}. \end{aligned} \tag{4.6}$$

Wir haben hierbei angenommen, daß im Zeitpunkt t = 0 die Schwerpunkte der beiden Schiffe die x-Koordinate Null haben sollen, was ja keine wesentliche Einschränkung bedeutet.

5. Ansätze zur Lösung des Randwertproblems

Zur Lösung dieses Randwertproblems schreiben wir die Potentialfunktion P_1 als Summe dreier Potentialfunktionen:

$$P_1(x, y, z, t) = \varphi^{(1)}(x, y, z, t) + \varphi^{(2)}(x, y, z, t) + \psi(x, y, z, t). \tag{5.1}$$

Die $\varphi^{(i)}$ $(i = 1, 2)$ sollen nun den folgenden Bedingungen genügen:

$$\left.\begin{aligned}
\Delta\varphi^{(i)}(x, y, z, t) &= \varphi^{(i)}_{xx} + \varphi^{(i)}_{yy} + \varphi^{(i)}_{zz} = 0 \quad \text{für} \begin{cases} -h < z < 0 \\ \text{außerhalb}\, A^{(i)}, \end{cases} && (5.2)\\
\varphi^{(i)}_z(x, y, z, t) &= 0 \quad \text{für} \quad z = -h, && (5.3)\\
g\,\varphi^{(i)}_z(x, y, 0, t) + \varphi^{(i)}_{tt}(x, y, 0, t) &= 0, && (5.4)\\
\varphi^{(i)}_y &= \mp (s^{(i)}_0)^2\, h^{(i)}_{\bar{x}'^{(i)}\bar{x}'^{(i)}}(x - s^{(i)}_0 t, z) \qquad x, y, z \text{ in } A^{(i)}_\pm. && (5.5)
\end{aligned}\right\}(i = 1, 2)$$

Für die $\varphi^{(i)}(x, y, z, t)$ haben wir also die gleichen Randwertprobleme, wie sie bei geradliniger gleichförmiger Bewegung des Schiffes i auf ruhiger See auftreten. Diese Randwertprobleme sehen wir als gelöst an. Physikalisch entspricht dem hydrodynamischen Druck $\varphi^{(1)}(x, y, z, t) + \varphi^{(2)}(x, y, z, t)$ ein Druckfeld, das entstehen würde, wenn die beiden Schiffe sich gegenseitig nicht beeinflussen würden. Auf Grund des Ansatzes (5.1) wird also die gegenseitige Beeinflussung der beiden Schiffe durch das Potential $\psi(x, y, z, t)$ erfaßt. Dieses Randwertproblem für $\psi(x, y, z, t)$ ist nun von komplizierterer Natur. Und zwar erhalten wir aus (4.1) bis (4.5) unter Berücksichtigung von (5.1)–(5.5) für $\psi(x, y, z, t)$ das Randwertproblem:

$$\Delta\psi(x, y, z, t) = \psi_{xx} + \psi_{yy} + \psi_{zz} = 0 \quad \text{für} \begin{cases} -h < z < 0 \\ \text{außerhalb } A^{(1)} + A^{(2)}, \end{cases} \tag{5.6}$$

$$\psi_z(x, y, z, t) = 0 \quad \text{für} \quad z = -h, \tag{5.7}$$

$$g\,\psi_z(x, y, 0, t) + \psi_{tt}(x, y, 0, t) = 0, \tag{5.8}$$

$$\begin{aligned}\psi_y = &- \varphi^{(2)}_y - s^{(1)}_0\, \omega^{(1)}_1(t) - 2\, s^{(1)}_0\, \dot\theta^{(1)}_{31}(t) + (x - s^{(1)}_0 t)\, \dot\omega^{(1)}_1(t)\\ &+ (x - s^{(1)}_0 t)\, \ddot\theta^{(1)}_{31}(t) - (z - \bar{z}'_c{}^{(1)})\, \ddot\theta^{(1)}_{11}(t) \qquad x, y, z \text{ in } A^{(1)}_\pm,\end{aligned} \tag{5.9}$$

$$\begin{aligned}\psi_y = &- \varphi^{(1)}_y - s^{(2)}_0\, \omega^{(2)}_1(t) - 2\, s^{(2)}_0\, \dot\theta^{(2)}_{31}(t) + (x - s^{(2)}_0 t)\dot\omega^{(2)}_1(t)\\ &+ (x - s^{(2)}_0 t)\, \ddot\theta^{(2)}_{31}(t) - (z - \bar{z}'_c{}^{(2)})\, \ddot\theta^{(2)}_{11}(t) \qquad x, y, z \text{ in } A^{(2)}_\pm.\end{aligned} \tag{5.10}$$

In die Randwerte dieses Problems gehen nun die Funktionen $\varphi^{(1)}(x, y, z, t)$ und $\varphi^{(2)}(x, y, z, t)$ ein, die auf Grund der Bedingungen (5.2)–(5.5), zu denen noch gewisse Ausstrahlungsbedingungen hinzukommen, eindeutig bestimmt sind [7]. Aus den Bedingungen (5.2)–(5.5) läßt sich nun ohne weiteres entnehmen, daß diese Funktionen die Form

$$\varphi^{(i)}(x, y, z, t) \equiv \overline{\varphi}^{(i)}(x - s_0^{(i)} t, y, z) \qquad (i = 1, 2) \tag{5.11}$$

haben. Ferner entnehmen wir aus den Transformationsformeln (4.6), daß die Bedingungen (5.9)/(5.10) auf Flächenstücken zu erfüllen sind, deren Koordinaten im x–y–z-System durch die Formeln

$$\begin{aligned} x &= \overline{x}'^{(i)} + s_0^{(i)} t \\ y &= \overline{y}'^{(i)} + y_{c0}^{(i)} \qquad \overline{x}'^{(i)}, \overline{y}'^{(i)}, \overline{z}'^{(i)} \text{ in } A_{\pm}^{(i)} \\ z &= \overline{z}'^{(i)} \end{aligned} \tag{5.12}$$

gegeben sind. Dies legt nahe, zur Erfüllung der Bedingungen (5.6) und (5.9)/(5.10) Potentiale zu betrachten, die durch Dipolbelegungen der zeitabhängigen Flächenstücke $A_{\pm}^{(i)} (i = 1, 2)$ erzeugt werden. Allerdings müssen die Momente dieser Belegungen als mit der Zeit veränderlich angenommen werden. Zur Erfüllung der Randbedingung (5.8) ist es dann aber noch zweckmäßig, zunächst Momente zu betrachten, bei denen die Abhängigkeit von der Zeit rein harmonisch mit der Frequenz Ω ist. Ist diese sogenannte Elementarlösung bekannt, so kann durch Multiplikation mit Frequenzspektren und Integration über die Frequenz Ω von $-\infty$ bis $+\infty$ eine allgemeine Lösung aufgebaut werden.

Aus den Bedingungen (5.9)–(5.11) sind dann die in dieser Lösung vorkommenden frequenzabhängigen Belegungen zu bestimmen, was auf ein Integralgleichungssystem führt. Nach dieser Vorschau gehen wir jetzt zur Ausführung dieser Überlegungen über.

Es sei

$$G^{(i)}(x, y, z, t; \xi, \eta, \zeta) \tag{5.13}$$

eine Funktion, die den folgenden Bedingungen genügt:

$$\begin{aligned} \Delta G^{(i)} &= G_{xx}^{(i)} + G_{yy}^{(i)} + G_{zz}^{(i)} \\ &= -4\pi \exp[-j\Omega t]\, \delta(x - s_0^{(i)} t - \xi)\, \delta(y - \eta)\, \delta(z - \zeta) \\ &\qquad \text{für} \quad -h < z < 0, \end{aligned} \tag{5.14}$$

$$G_z^{(i)} = 0 \qquad \text{für} \quad z = -h, \tag{5.15}$$

$$g G_z^{(i)} + G_{tt}^{(i)} = 0 \qquad \text{für} \quad z = 0. \tag{5.16}$$

Das heißt, $G^{(i)}$ genügt den Bedingungen (5.15)/(5.16) und ist im Bereich $-h < z < 0$ harmonisch mit Ausnahme des Punktes $x = s_0^{(i)} t + \xi$, $y = \eta$, $z = \zeta$, in dessen Umgebung sich die Funktion wie

$$\frac{\exp[-j\Omega t]}{\sqrt{(x - s_0^{(i)} t - \xi)^2 + (y - \eta)^2 + (z - \zeta)^2}}$$

verhält.

Setzen wir nun

$$G^{(i)}(x, y, z, t; \xi, \eta, \zeta) \equiv \exp[-j\Omega t]\, \overline{G}^{(i)}(x - s_0^{(i)} t, y, z; \xi, \eta, \zeta; \Omega), \tag{5.17}$$

ein Ansatz, der durch (5.14)–(5.16) nahegelegt wird, so folgen aus (5.14)–(5.16) für $\overline{G}^{(i)}(\overline{x}, \overline{y}, \overline{z}; \xi, \eta, \zeta; \Omega)$ (wir haben $\overline{x} = x - s_0^{(i)} t$, $\overline{y} = y$, $\overline{z} = z$ gesetzt) die Gleichungen

$$\begin{aligned} \Delta\overline{G}^{(i)} &= \overline{G}^{(i)}_{\overline{x}\overline{x}} + \overline{G}^{(i)}_{\overline{y}\overline{y}} + \overline{G}^{(i)}_{\overline{z}\overline{z}} \\ &= -4\pi\,\delta(\overline{x} - \xi)\,\delta(\overline{y} - \eta)\,\delta(\overline{z} - \zeta) \qquad \text{für} \quad -h < \overline{z} < 0, \end{aligned} \tag{5.18}$$

$$\overline{G}^{(i)}_{\overline{z}} = 0 \qquad \text{für} \quad \overline{z} = -h, \tag{5.19}$$

$$g\,\overline{G}^{(i)}_{\overline{z}} + (s_0^{(i)})^2\, \overline{G}^{(i)}_{\overline{x}\overline{x}} + 2j\Omega s_0^{(i)}\, \overline{G}^{(i)}_{\overline{x}} - \Omega^2\, \overline{G}^{(i)} = 0 \qquad \text{für} \quad \overline{z} = 0. \tag{5.20}$$

Zu diesen Bedingungen für $\overline{G}^{(i)}$ treten noch gewisse andere Bedingungen, die das Verhalten von $\overline{G}^{(i)}$ im Unendlichen betreffen und welche die Funktion $\overline{G}^{(i)}$ und damit auch $G^{(i)}$ eindeutig festlegen. Diese Funktion $\overline{G}^{(i)}(\overline{x}, \overline{y}, \overline{z}; \xi, \eta, \zeta; \Omega)$ wollen wir jetzt als bekannt voraussetzen. Erst in Abschnitt 7 werden wir $\overline{G}^{(i)}(\overline{x}, \overline{y}, \overline{z}; \xi, \eta, \zeta; \Omega)$ explizit bestimmen.

Mit diesem $\overline{G}^{(i)}(\overline{x}, \overline{y}, \overline{z}; \xi, \eta, \zeta; \Omega)$ machen wir nun für die Potentialfunktion $\psi(x, y, z, t)$ gemäß den Überlegungen auf der vorigen Seite den folgenden Ansatz:

$$\begin{aligned} \psi(x, y, z, t) = \int_{-\infty}^{\infty} \exp[-j\Omega t] \Bigg[&\iint_{\overline{A}'^{(1)}} \mu^{(1)}(\xi, \zeta; \Omega) \\ &\times \overline{G}^{(1)}_{\eta}(x - s_0^{(1)} t, y, z; \xi, y_{c0}^{(1)}, \zeta; \Omega)\, d\xi\, d\zeta \\ &+ \iint_{\overline{A}'^{(2)}} \mu^{(2)}(\xi, \zeta; \Omega)\, \overline{G}^{(2)}_{\eta}(x - s_0^{(2)} t, y, z; \xi, y_{c0}^{(2)}, \zeta; \Omega)\, d\xi\, d\zeta \Bigg] d\Omega. \end{aligned} \tag{5.21}$$

Man bestätigt nun leicht, daß diese Funktion (5.21) wegen (5.18)–(5.20) den Bedingungen (5.6)–(5.8) genügt, vorausgesetzt natürlich, daß die Integrationen mit den jeweiligen Differentiationen vertauschbar sind. Zur Erfüllung der beiden Randbedingungen (5.9)/(5.10) enthält der Ansatz (5.21) die beiden Belegungsfunktionen $\mu^{(1)}(\xi, \zeta; \Omega)$, $\mu^{(2)}(\xi, \zeta; \Omega)$. Im nächsten Abschnitt werden wir zeigen, daß die Randbedingungen (5.9)/(5.10) auf ein singuläres Integralgleichungssystem zur Bestimmung dieser Belegungsfunktionen führen.

Im Ansatz (5.21) wurden die Bereiche $\overline{A}'^{(1)}$, $\overline{A}'^{(2)}$ mit Dipolen, deren Achsen senkrecht zu den Ebenenstücken $\overline{A}'^{(1)}$, $\overline{A}'^{(2)}$ liegen, belegt. Die Wahl dieser Belegungsart wird nahegelegt durch die Randbedingungen (5.9)/(5.10) unter Berücksichtigung, daß $\psi(x, y, z, t)$ ja einen Teil des hydrodynamischen Druckes $P_1(x, y, z, t)$ darstellt. Denn nach (5.9) bzw. (5.10) muß ψ_y sich beim Durchgang durch die Flächenstücke $A^{(1)}$ bzw. $A^{(2)}$ stetig verhalten, ψ selbst, d. h. der Druck, kann beim Durchgang durch $A^{(1)}$ bzw. $A^{(2)}$ jedoch einen Sprung aufweisen.

6. Zurückführung der Lösung des Randwertproblems auf ein singuläres Integralgleichungssystem

Die Funktion $\psi(x, y, z, t)$ nach (5.21) muß nun noch den Randbedingungen (5.9)/(5.10) angepaßt werden. Zunächst erhalten wir aus (5.21) für Punkte x, y, z, die nicht in $A^{(1)} + A^{(2)}$ liegen:

$$\begin{aligned}\psi_y(x, y, z, t) = \int_{-\infty}^{\infty} \exp[-j\Omega t] \Bigg[\iint_{\overline{A}'(1)} \mu^{(1)}(\xi, \zeta; \Omega) \\ \times \overline{G}^{(1)}_{\eta\overline{y}}(x - s_0^{(1)} t, y, z; \xi, y_{c0}^{(1)}, \zeta; \Omega)\, d\xi\, d\zeta \\ + \iint_{\overline{A}'(2)} \mu^{(2)}(\xi, \zeta; \Omega)\, \overline{G}^{(2)}_{\eta\overline{y}}(x - s_0^{(2)} t, y, z; \xi, y_{c0}^{(2)}, \zeta; \Omega)\, d\xi\, d\zeta \Bigg] d\Omega. \quad (6.1)\end{aligned}$$

Wie wir in Abschnitt 7 zeigen werden, ist die Funktion $\overline{G}^{(i)}$ von der Form

$$\begin{aligned}\overline{G}^{(i)}(\overline{x}, \overline{y}, \overline{z}; \xi, \eta, \zeta; \Omega) = \frac{1}{\sqrt{(\overline{x} - \xi)^2 + (\overline{y} - \eta)^2 + (\overline{z} - \zeta)^2}} \\ + \frac{1}{\sqrt{(\overline{x} - \xi)^2 + (\overline{y} - \eta)^2 + (\overline{z} + 2h + \zeta)^2}} \\ + \overline{w}^{(i)}(\overline{x}, \overline{y}, \overline{z}; \xi, \eta, \zeta; \Omega), \quad (6.2)\end{aligned}$$

wobei die Funktion $\overline{w}^{(i)}(\overline{x}, \overline{y}, \overline{z}; \xi, \eta, \zeta; \Omega)$ im Bereich $-h < \overline{z} < 0$ harmonisch ist.
Aus dieser Darstellung für $\overline{G}^{(i)}$ entnehmen wir, daß wir in (6.1) den Grenzübergang gegen die Punkte von $A^{(i)}$ $(i = 1, 2)$ nicht direkt durchführen können, da $\overline{G}^{(i)}_{\eta\overline{y}}$ dort zu stark singulär ist. Aus diesem Grunde haben wir vor Ausführung dieser Grenzübergänge die in (6.1) auftretenden Integrationen über die Bereiche $\overline{A}'^{(i)}$ $(i = 1, 2)$ umzuformen.
Beachten wir die aus den Darstellungen (7.70)–(7.80) unmittelbar folgenden Relationen:

$$\overline{G}^{(i)}_{\eta\overline{y}}\Big|_{\eta = y_{c0}^{(i)}} = -\overline{G}^{(i)}_{\overline{y}\overline{y}}\Big|_{\eta = y_{c0}^{(i)}} \qquad (i = 1, 2), \quad (6.3)$$

$$\overline{G}^{(i)}_{\overline{x}\overline{x}} + \overline{G}^{(i)}_{\overline{z}\overline{z}} = \overline{G}^{(i)}_{\xi\xi} + \overline{G}^{(i)}_{\zeta\zeta}, \quad (6.4)$$

so gilt zunächst

$$\begin{aligned}I_i = \iint_{\overline{A}'(i)} \mu^{(i)}(\xi, \zeta; \Omega)\, \overline{G}^{(i)}_{\eta\overline{y}}(x - s_0^{(i)} \cdot t, y, z; \xi, y_{c0}^{(i)}, \zeta; \Omega)\, d\xi\, d\zeta \\ = -\iint_{\overline{A}'(i)} \mu^{(i)}(\xi, \zeta; \Omega)\, \overline{G}^{(i)}_{\overline{y}\overline{y}}(x - s_0^{(i)} \cdot t, y, z; \xi, y_{c0}^{(i)}, \zeta; \Omega)\, d\xi\, d\zeta. \quad (6.5)\end{aligned}$$

Da $\overline{G}^{(i)}$ eine im Flüssigkeitsbereich harmonische Funktion ist, folgt jetzt:

$$I_i = \iint\limits_{\overline{A}'^{(i)}} \mu^{(i)}(\xi, \zeta; \Omega)\, [\overline{G}^{(i)}_{\overline{x}\overline{x}}(x - s_0^{(i)} t, y, z; \xi, y_{c0}^{(i)}, \zeta; \Omega)$$

$$+ \overline{G}^{(i)}_{\overline{z}\overline{z}}(x - s_0^{(i)} t, y, z; \xi, y_{c0}^{(i)}, \zeta; \Omega)]\, d\xi\, d\zeta$$

$$= \iint\limits_{\overline{A}'^{(i)}} \mu^{(i)}(\xi, \zeta; \Omega)\, [\overline{G}^{(i)}_{\xi\xi}(x - s_0^{(i)} t, y, z; \xi, y_{c0}^{(i)}, \zeta; \Omega)$$

$$+ \overline{G}^{(i)}_{\zeta\zeta}(x - s_0^{(i)} t, y, z; \xi, y_{c0}^{(i)}, \zeta; \Omega)]\, d\xi\, d\zeta. \tag{6.6}$$

Bei der letzten Umformung haben wir von (6.4) Gebrauch gemacht. Formen wir noch das zuletzt erhaltene Integral mit Hilfe der ersten Greenschen Formel um, so ergibt sich

$$I^{(i)} = -\iint\limits_{\overline{A}'^{(i)}} [\mu^{(i)}_{\xi}(\xi, \zeta; \Omega)\, \overline{G}^{(i)}_{\xi}(x - s_0^{(i)} t, y, z; \xi, y_{c0}^{(i)}, \zeta; \Omega)$$

$$+ \mu^{(i)}_{\zeta}(\xi, \zeta; \Omega)\, \overline{G}^{(i)}_{\zeta}(x - s_0^{(i)} t, y, z; \xi, y_{c0}^{(i)}, \zeta; \Omega)]\, d\xi\, d\zeta$$

$$+ \oint\limits_{\overline{C}'^{(i)}} \mu^{(i)}(\xi, \zeta; \Omega) \frac{\partial}{\partial n^{(i)}} \overline{G}^{(i)}(x - s_0^{(i)} t, y, z; \xi, y_{c0}^{(i)}, \zeta; \Omega)\, ds \tag{6.7}$$

$$(i = 1, 2),$$

worin mit $\overline{C}'^{(i)}$ die Randkurve von $\overline{A}'^{(i)}$ $(i = 1, 2)$ bezeichnet ist und $\partial\overline{G}^{(i)}/\partial n^{(i)}$ die Ableitung von $\overline{G}^{(i)}$ in Richtung der äußeren Normalen zu $\overline{C}'^{(i)}$ ist. Da in dieser Darstellung für $I^{(i)}$ nur Ableitungen erster Ordnung von $\overline{G}^{(i)}$ auftreten, können wir in ihr den Punkt x, y, z gegen die Punkte der Bereiche $A^{(i)}$ $(i = 1, 2)$ streben lassen. (Die auftretenden Integrale existieren dabei im Cauchyschen Sinne.) Setzen wir diese Darstellungen (6.7) für die in (6.1) an erster und zweiter Stelle auftretenden Integrale ein, so ergeben die Randbedingungen (5.9) und (5.10) unter Beachtung der Transformationsgleichungen (5.12) das folgende Integralgleichungssystem:

$$\int\limits_{-\infty}^{\infty} \exp[-j\Omega t]\, [-\iint\limits_{\overline{A}'^{(1)}} [\mu^{(1)}_{\xi}(\xi, \zeta; \Omega)\, \overline{G}^{(1)}_{\xi}(\overline{x}'^{(1)}, y_{c0}^{(1)}, \overline{z}'^{(1)}; \xi, y_{c0}^{(1)}, \zeta; \Omega)$$

$$+ \mu^{(1)}_{\zeta}(\xi, \zeta; \Omega)\, \overline{G}^{(1)}_{\zeta}(\overline{x}'^{(1)}, y_{c0}^{(1)}, \overline{z}'^{(1)}; \xi, y_{c0}^{(1)}, \zeta; \Omega)]\, d\xi\, d\zeta$$

$$+ \oint\limits_{\overline{C}'^{(1)}} \mu^{(1)}(\xi, \zeta; \Omega) \frac{\partial}{\partial n^{(1)}} \overline{G}^{(1)}(\overline{x}'^{(1)}, y_{c0}^{(1)}, \overline{z}'^{(1)}; \xi, y_{c0}^{(1)}, \zeta; \Omega)\, ds$$

$$+ \iint\limits_{\overline{A}'^{(2)}} \mu^{(2)}(\xi, \zeta; \Omega)$$

$$\times\, \overline{G}^{(2)}_{\eta\overline{y}}(\overline{x}'^{(1)} - (s_0^{(2)} - s_0^{(1)})\, t, y_{c0}^{(1)}, \overline{z}'^{(1)}; \xi, y_{c0}^{(2)}, \zeta; \Omega)\, d\xi\, d\zeta]\, d\Omega$$

$$= -\overline{\varphi}^{(2)}_{\overline{y}}(\overline{x}'^{(1)} - (s_0^{(2)} - s_0^{(1)})\, t, y_{c0}^{(1)}, \overline{z}'^{(1)}) - s_0^{(1)} \omega_1^{(1)}(t)$$

$$- 2\, s_0^{(1)} \dot{\theta}_{31}^{(1)}(t) + \overline{x}'^{(1)} \dot{\omega}_1^{(1)}(t) + \overline{x}'^{(1)} \ddot{\theta}_{31}^{(1)}(t) - (\overline{z}'^{(1)} - \overline{z}_c'^{(1)})\, \ddot{\theta}_{11}^{(1)}(t)$$

$$\overline{x}'^{(1)}, \overline{z}'^{(1)} \text{ in } \overline{A}'^{(1)}, \tag{6.8}$$

$$
\begin{aligned}
&\int_{-\infty}^{\infty} \exp\,[-\,j\,\Omega\,t]\,\Big[\iint_{\bar{A}'^{(1)}} \mu^{(1)}(\xi,\zeta;\Omega)\\
&\qquad \times\, \overline{G}^{(1)}_{\eta\bar{y}}(\bar{x}'^{(2)}-(s_0^{(1)}-s_0^{(2)})\,t,\, y_{c0}^{(2)},\, \bar{z}'^{(2)};\, \xi,\, y_{c0}^{(1)},\, \zeta;\,\Omega)\, d\xi\, d\zeta\\
&\qquad -\iint_{\bar{A}'^{(2)}} [\mu_\xi^{(2)}(\xi,\zeta;\Omega)\,\overline{G}_\xi^{(2)}(\bar{x}'^{(2)},\, y_{c0}^{(2)},\, \bar{z}'^{(2)};\,\xi,\, y_{c0}^{(2)},\,\zeta;\,\Omega)\\
&\qquad + \mu_\zeta^{(2)}(\xi,\zeta;\Omega)\,\overline{G}_\zeta^{(2)}(\bar{x}'^{(2)},\, y_{c0}^{(2)},\, \bar{z}'^{(2)};\,\xi,\, y_{c0}^{(2)},\,\zeta;\,\Omega)]\, d\xi\, d\zeta\\
&\qquad + \oint_{\bar{C}'^{(2)}} \mu^{(2)}(\xi,\zeta;\Omega)\,\frac{\partial}{\partial n^{(2)}}\,\overline{G}^{(2)}(\bar{x}'^{(2)},\, y_{c0}^{(2)},\, \bar{z}'^{(2)};\,\xi,\, y_{c0}^{(2)},\,\zeta;\,\Omega)\, ds\Big]\, d\Omega\\
&\qquad = -\,\bar{\varphi}_{\bar{y}}^{(1)}(\bar{x}'^{(2)}-(s_0^{(1)}-s_0^{(2)})\,t,\, y_{c0}^{(2)},\, \bar{z}'^{(2)}) - s_0^{(2)}\,\omega_1^{(2)}(t)\\
&\qquad -2\, s_0^{(2)}\,\dot{\theta}_{31}^{(2)}(t) + \bar{x}'^{(2)}\,\dot{\omega}_1^{(2)}(t) + \bar{x}'^{(2)}\,\ddot{\theta}_{31}^{(2)}(t) - (\bar{z}'^{(2)} - \bar{z}_c'^{(2)})\,\ddot{\theta}_{11}^{(2)}(t)\\
&\qquad\qquad \bar{x}'^{(2)},\, \bar{z}'^{(2)} \text{ in } \bar{A}'^{(2)}. \qquad (6.9)
\end{aligned}
$$

Die in (6.8) und (6.9) auftretenden singulären Integrale sind als Cauchysche Hauptwerte zu verstehen. Damit haben wir zur Bestimmung der beiden Belegungsstärken $\mu^{(1)}(\bar{x}'^{(1)},\bar{z}'^{(1)};\Omega)$ und $\mu^{(2)}(\bar{x}'^{(2)},\bar{z}'^{(2)};\Omega)$ ein singuläres Integralgleichungssystem von zwei Gleichungen erhalten. Da in diesem Integralgleichungssystem die Ableitungen der gesuchten Funktionen auch unter dem Integralzeichen auftreten, ist zu erwarten, daß zur Erzielung der Eindeutigkeit der Lösung dieses Systems noch gewisse Forderungen an die Funktionen $\mu^{(1)}$, $\mu^{(2)}$, ihr Verhalten an den Rändern der Bereiche $\bar{A}'^{(1)}$, $\bar{A}'^{(2)}$ betreffend, gestellt werden müssen. Später werden wir auf diese Bedingungen wie auch auf Eindeutigkeitsfragen und Möglichkeiten zur Berechnung dieser beiden Funktionen näher eingehen.

7. Bestimmung der Funktion $\overline{G}(x - s_0 t, y, z; \xi, \eta, \zeta; \Omega)$

Wir hatten bereits früher erwähnt, daß zur eindeutigen Bestimmung von $\overline{G}(x - s_0 t, y, z; \xi, \eta, \zeta; \Omega)$ außer den Bedingungen (5.18)–(5.20) gewisse Forderungen über das Verhalten von $\overline{G}(x - s_0 t, y, z; \xi, \eta, \zeta; \Omega)$ im Unendlichen, sogenannte Ausstrahlungsbedingungen, erforderlich sind. Die explizite Formulierung dieser Ausstrahlungsbedingungen läßt sich jedoch vermeiden dadurch, daß man $\overline{G}(x - s_0 t, y, z; \xi, \eta, \zeta; \Omega)$ als Grenzfunktion ($t \to \infty$) einer zu einem Anfangswertproblem gehörigen Greenschen Funktion $G(x, y, z, t; \xi, \eta, \zeta, \Omega)$ ableitet.

Unsere erste Aufgabe ist die, eine Funktion $G(x, y, z, t; \xi, \eta, \zeta, \Omega)$ zu bestimmen, die folgenden Bedingungen genügt:

$$\begin{aligned} \Delta G &= G_{xx} + G_{yy} + G_{zz} \\ &= -4\pi \exp[-j\Omega t]\, \delta(x - s_0 t - \xi)\, \delta(y - \eta)\, \delta(z - \zeta) \qquad \text{für} \quad -h < z < 0, \end{aligned} \tag{7.1}$$

$$G_z = 0 \qquad \text{für} \quad z = -h, \tag{7.2}$$

$$g G_z + G_{tt} = 0 \qquad \text{für} \quad z = 0, \tag{7.3}$$

$$G(x, y, 0, 0; \xi, \eta, \zeta, \Omega) = 0, \tag{7.4}$$

$$G_t(x, y, 0, 0; \xi, \eta, \zeta, \Omega) = 0. \tag{7.5}$$

Die Bedingungen (7.4) und (7.5) bezeichnet man als Anfangsbedingungen. Sie drücken aus, daß sich im Anfangszeitpunkt $t = 0$ die freie Oberfläche in ihrer horizontalen Gleichgewichtslage befindet.

Für die Funktion $G(x, y, z, t; \xi, \eta, \zeta, \Omega)$ machen wir den Ansatz:

$$\begin{aligned} G(x, y, z, t; \xi, \eta, \zeta, \Omega) &= G_0(x, y, z, t; \xi, \eta, \zeta, \Omega) \\ &\quad + G_1(x, y, z, t; \xi, \eta, \zeta, \Omega), \end{aligned} \tag{7.6}$$

wobei

$$\begin{aligned} G_0(x, y, z, t; \xi, \eta, \zeta, \Omega) &= \frac{\exp[-j\Omega t]}{\sqrt{(x - s_0 t - \xi)^2 + (y - \eta)^2 + (z - \zeta)^2}} \\ &\quad + \frac{\exp[-j\Omega t]}{\sqrt{(x - s_0 t - \xi)^2 + (y - \eta)^2 + (z + 2h + \zeta)^2}} \\ &\quad + H(x, y, z, t; \xi, \eta, \zeta, \Omega) \end{aligned} \tag{7.7}$$

ist.

Die in (7.7) auftretende Funktion $H(x, y, z, t; \xi, \eta, \zeta, \Omega)$ ist so zu bestimmen, daß $G_0(x, y, z, t; \xi, \eta, \zeta, \Omega)$ den Bedingungen (7.1), (7.2) und (7.4), (7.5) genügt. Beachtet man, daß die beiden ersten Terme zusammen den Gln. (7.1) und (7.2) genügen und die folgende Integraldarstellung besitzen,

$$\begin{aligned} &\exp[-j\Omega t]\left\{\frac{1}{\sqrt{(x-s_0t-\xi)^2+(y-\eta)^2+(z-\zeta)^2}}\right.\\ &\qquad\left.+\frac{1}{\sqrt{(x-s_0t-\xi)^2+(y-\eta)^2+(z+2h+\zeta)^2}}\right\} \\ &\quad=\frac{\exp[-j\Omega t]}{\pi}\int_0^\pi d\theta\int_0^\infty \exp[jK(x-s_0t-\xi)\cos\theta] \\ &\quad\times\cos[K(y-\eta)\sin\theta]\cdot\{\exp[\pm K(z-\zeta)] \qquad + \text{ falls } z-\zeta<0, \\ &\quad+\exp[-K(z+2h+\zeta)]\}\,dK, \qquad - \text{ falls } z-\zeta>0, \end{aligned} \tag{7.8}$$

so wird man für die in $-h < z < 0$ harmonische Funktion $H(x, y, z, t; \xi, \eta, \zeta, \Omega)$ auf den Ansatz

$$\begin{aligned} H(x, y, z, t; \xi, \eta, \zeta, \Omega) &= \frac{\exp[-j\Omega t]}{\pi}\int_0^\pi d\theta\int_0^\infty F(\theta, K) \\ &\times\exp[jK(x-s_0t-\xi)\cos\theta]\cdot\cos[K(y-\eta)\sin\theta] \\ &\times\cosh[K(z+h)]\,dK \end{aligned} \tag{7.9}$$

geführt.

Dieser Ansatz genügt bereits der Bedingung (7.2). Die Bedingungen

$$G_0(x, y, 0, 0; \xi, \eta, \zeta, \Omega) = 0 \quad \text{und} \quad G_{0t} = (x, y, 0, 0; \xi, \eta, \zeta, \Omega) = 0 \tag{7.10}$$

ergeben nun:

$$F(\theta, K) = -\frac{2\cdot\exp[-Kh]\cdot\cosh[K(\zeta+h)]}{\cosh[Kh]}.$$

Damit haben wir

$$\begin{aligned} G_0(x, y, z, t; \xi, \eta, \zeta, \Omega) &= \exp[-j\Omega t] \\ &\times\left\{\frac{1}{\sqrt{(x-s_0t-\xi)^2+(y-\eta)^2+(z-\zeta)^2}}\right. \\ &+\frac{1}{\sqrt{(x-s_0t-\xi)^2+(y-\eta)^2+(z+2h+\zeta)^2}} \\ &-\frac{2}{\pi}\int_0^\pi d\theta\int_0^\infty \frac{\exp[-Kh]\cdot\cosh[K(\zeta+h)]}{\cosh[Kh]} \\ &\times\exp[jK(x-s_0t-\xi)\cos\theta]\cdot\cos[K(y-\eta)\sin\theta] \\ &\left.\times\cosh[K(z+h)]\,dK\right\}. \end{aligned} \tag{7.11}$$

Unter Berücksichtigung von (7.8) haben wir für $G_0(x, y, z, t; \xi, \eta, \zeta, \Omega)$ die Darstellung:

$$G_0(x, y, z, t; \xi, \eta, \zeta, \Omega) = \frac{\exp[-j\Omega t]}{\pi} \int_0^\pi d\theta \int_0^\infty \exp[jK(x - s_0 t - \xi)\cos\theta] \tag{7.12}$$
$$\times \cos[K(y-\eta)\sin\theta]$$
$$\times [\{\exp[\pm K(z-\zeta)] + \exp[-K(z+2h+\zeta)]\}$$
$$-2 \cdot \frac{\exp[-Kh] \cdot \cosh[K(\zeta+h)]}{\cosh[Kh]}$$
$$\times \cosh[K(z+h)]]\, dK, \qquad \begin{array}{l} + \text{ falls } z-\zeta<0, \\ - \text{ falls } z-\zeta>0. \end{array}$$

Mit (7.6) und (7.12) erhalten wir nun aus (7.3) die folgende Randbedingung für $G_1(x, y, z, t; \xi, \eta, \zeta, \Omega)$:

$$g \cdot G_{1z} + G_{1tt} = \frac{2 \cdot \exp[-j\Omega t]}{\pi} \int_0^\pi d\theta \int_0^\infty \exp[jK(x - s_0 t - \xi)\cos\theta]$$
$$\times \cos[K(y-\eta)\sin\theta] \cdot \exp[-Kh] \cdot \cosh[K(\zeta+h)]$$
$$\times gK(1 + \tanh[Kh])\, dK \qquad \text{für } z = 0. \tag{7.13}$$

Nun genügte $G_0(x, y, z, t; \xi, \eta, \zeta, \Omega)$ den Anfangsbedingungen (7.10). Nach dem Ansatz (7.6) ergeben sich damit aus (7.4) und (7.5) für $G_1(x, y, z, t; \xi, \eta, \zeta, \Omega)$ die Anfangsbedingungen:

$$G_1(x, y, 0, 0; \xi, \eta, \zeta, \Omega) = 0, \tag{7.14}$$

$$G_{1t}(x, y, 0, 0; \xi, \eta, \zeta, \Omega) = 0. \tag{7.15}$$

Bezeichnen wir mit $G_1^*(x, y, z, s; \xi, \eta, \zeta, \Omega)$ die LAPLACE-Transformierte der Funktion $G_1(x, y, z, t; \xi, \eta, \zeta, \Omega)$:

$$G_1^*(x, y, z, s; \xi, \eta, \zeta, \Omega) = \int_0^\infty \exp[-st]\, G_1(x, y, z, t; \xi, \eta, \zeta, \Omega)\, dt, \tag{7.16}$$

so erhalten wir durch Anwendung der LAPLACE-Transformation auf die Randbedingung (7.13) unter Berücksichtigung der Anfangsbedingungen (7.14), (7.15) für $G_1^*(x, y, z, s; \xi, \eta, \zeta, \Omega)$ die Randbedingung:

$$g G_{1z}^* + s^2 \cdot G_1^* = \frac{2}{\pi} \int_0^\pi d\theta \int_0^\infty g \cdot K \cdot (1 + \tanh[Kh]) \tag{7.17}$$
$$\times \exp[-Kh] \cdot \cosh[K(\zeta+h)] \cdot \cos[K(y-\eta)\sin\theta]\, dK$$
$$\times \int_0^\infty \exp[-st] \cdot \exp[-j\Omega t] \cdot \exp[jK(x - s_0 t - \xi)\cos\theta]\, dt$$
$$\text{für} \quad z = 0.$$

Diese Randbedingung wie auch die Bedingung (7.2) für $z = -h$ legen für $G_1^*(x, y, z, s; \xi, \eta, \zeta, \Omega)$ den Ansatz

$$G_1^*(x, y, z, s; \xi, \eta, \zeta, \Omega) = \int_0^\pi d\theta \int_0^\infty F(\theta, K) \cdot \cosh [K(z + h)]$$
$$\times \cos [K(y - \eta) \sin \theta] \, dK \int_0^\infty \exp [-st] \exp [-j\Omega t]$$
$$\times \exp [jK(x - s_0 t - \xi) \cos \theta] \, dt \tag{7.18}$$

nahe. Setzt man den Ansatz (7.18) in die Bedingung (7.17) ein, so erhält man

$$F(\theta, K) = \frac{2}{\pi} \frac{gK(1 + \tanh [Kh]) \cdot \exp [-Kh] \cdot \cosh [K(\zeta + h)]}{g \cdot K \cdot \sinh [Kh] + s^2 \cosh [Kh]}$$

und somit

$$G_1^*(x, y, z, s; \xi, \eta, \zeta, \Omega) \tag{7.19}$$
$$= \frac{2\sqrt{g}}{\pi} \int_0^\pi d\theta \int_0^\infty \frac{K(1 + \tanh [Kh]) \exp [-Kh] \cdot \cosh [K(\zeta + h)] \cdot \cosh [K(z + h)]}{\sqrt{K \cdot \tanh [Kh]} \cdot \cosh [Kh]} \times \cos [K(y - \eta) \sin \theta] \, dK$$
$$\times \frac{\sqrt{gK \tanh [Kh]}}{s^2 + gK \cdot \tanh [Kh]} \cdot \int_0^\infty \exp [-st] \cdot \exp [-j\Omega t] \exp [jK \cdot (x - s_0 t - \xi) \cos \theta] \, dt.$$

Zur Bestimmung der zugehörigen Originalfunktion benutzt man hier zweckmäßig den Faltungssatz der LAPLACE-Transformation. Beachtet man dabei, daß

$$\mathfrak{L} [\sin \sqrt{gK \cdot \tanh [Kh]} \cdot t] = \frac{\sqrt{gK \cdot \tanh [Kh]}}{s^2 + gK \cdot \tanh [Kh]},$$

so erhält man aus (7.19) die zugehörige Originalfunktion zu

$$G_1(x, y, z, t; \xi, \eta, \zeta, \Omega)$$
$$= \frac{2\sqrt{g}}{\pi} \int_0^\pi d\theta \int_0^\infty \frac{K(1 + \tanh [Kh]) \exp [-Kh] \cdot \cosh [K(\zeta + h)] \cosh [K(z + h)]}{\sqrt{K \cdot \tanh [Kh]} \cdot \cosh [Kh]}$$
$$\times \cos [K(y - \eta) \sin \theta] \, dK \int_0^t \sin [\sqrt{g \cdot K \cdot \tanh [Kh]} \, \tau] \exp [-j\Omega(t - \tau)]$$
$$\times \exp [jK(x - s_0(t - \tau) - \xi) \cos \theta] \, d\tau,$$

oder

$$G_1(x, y, z, t; \xi, \eta, \zeta, \Omega)$$
$$= \frac{2 \cdot \sqrt{g} \cdot \exp [-j\Omega t]}{\pi} \int_0^\pi d\theta \int_0^\infty \frac{K(1 + \tanh [Kh]) \exp [-Kh] \cdot \cosh [K(\zeta + h)] \cosh [K(z + h)]}{\sqrt{K \cdot \tanh [Kh]} \cdot \cosh [Kh]}$$
$$\times \exp [jK \cdot (x - s_0 t - \xi) \cos \theta] \cdot \cos [K(y - \eta) \sin \theta] \, dK$$
$$\times \int_0^t \sin [\sqrt{gK \cdot \tanh [Kh]} \, \tau] \cdot \exp [j(\Omega + s_0 K \cos \theta) \tau] \, d\tau. \tag{7.20}$$

In (7.20) läßt sich die Integration nach τ noch ausführen. Hierzu benutzt man die Formel

$$\int_0^t \sin \alpha \tau \cdot \exp [j \beta \tau]\, d\tau = \frac{1}{2}\left[\frac{\exp [j(\beta - \alpha) t] - 1}{\beta - \alpha} - \frac{\exp [j(\beta + \alpha)] - 1}{\beta + \alpha}\right]$$

mit

$$\alpha = \sqrt{gK \cdot \tanh [Kh]}, \qquad \beta = \Omega + s_0 K \cdot \cos \theta .$$

Aus (7.20) ergibt sich damit:

$$\begin{aligned}
&G_1(x, y, z, t;\, \xi, \eta, \zeta, \Omega) \\
&= \frac{2\sqrt{g} \cdot \exp[-j\Omega t]}{\pi} \int_0^{\pi} d\theta \int_0^{\infty} \frac{K(1 + \tanh [Kh]) \exp [-Kh] \cdot \cosh [K(\zeta + h)] \cosh [K(z + h)]}{\sqrt{K \cdot \tanh [Kh]} \cdot \cosh [Kh]} \\
&\times \exp [jK \cdot (x - s_0 t - \xi) \cos \theta] \cdot \cos [K(y - \eta) \sin \theta] \\
&\times \frac{1}{2}\left[\frac{\exp [j(\Omega - \sqrt{gK \cdot \tanh [Kh]} + s_0 K \cos \theta) t] - 1}{\Omega - \sqrt{gK \cdot \tanh [Kh]} + s_0 K \cos \theta}\right. \\
&\left. - \frac{\exp [j(\Omega + \sqrt{gK \cdot \tanh [Kh]} + s_0 K \cos \theta) t] - 1}{\Omega + \sqrt{gK \cdot \tanh [Kh]} + s_0 K \cos \theta}\right] dK. \qquad (7.21)
\end{aligned}$$

Die Integration bezüglich K ist hier längs der positiven reellen Achse der komplexen K-Ebene zu erstrecken. Führen wir die neuen Veränderlichen

$$\bar{x} = x - s_0 t, \quad \bar{y} = y, \quad \bar{z} = z$$

ein, so wird

$$\begin{aligned}
&G_1(\bar{x} + s_0 t, \bar{y}, \bar{z}, t;\, \xi, \eta, \zeta, \Omega) = \hat{G}_1(\bar{x}, \bar{y}, \bar{z}, t;\, \xi, \eta, \zeta, \Omega) \\
&= \frac{2\sqrt{g} \cdot \exp[-j\Omega t]}{\pi} \int_0^{\pi} d\theta \int_0^{\infty} \frac{K(1 + \tanh [Kh]) \cdot \exp [-Kh] \cosh [K(\zeta + h)] \cosh [K(\bar{z} + h)]}{\sqrt{K \cdot \tanh [Kh]} \cdot \cosh [Kh]} \\
&\times \exp [jK(\bar{x} - \xi) \cos \theta] \cos [K(y - \eta) \sin \theta] \\
&\times \frac{1}{2}\left[\frac{\exp [j(\Omega - \sqrt{gK \cdot \tanh [Kh]} + s_0 K \cos \theta) t] - 1}{\Omega - \sqrt{gK \cdot \tanh [Kh]} + s_0 K \cos \theta}\right. \\
&\left. - \frac{\exp [j(\Omega + \sqrt{gK \cdot \tanh [Kh]} + s_0 K \cos \theta) t] - 1}{\Omega + \sqrt{gK \cdot \tanh [Kh]} + s_0 K \cos \theta}\right] dK \qquad (7.22)
\end{aligned}$$

und entsprechend

$$\begin{aligned}
&G_0(\bar{x} + s_0 t, \bar{y}, \bar{z}, t;\, \xi, \eta, \zeta, \Omega) = \hat{G}_0(\bar{x}, \bar{y}, \bar{z}, t;\, \xi, \eta, \zeta, \Omega) \\
&= \exp[-j\Omega t]\left\{\frac{1}{\sqrt{(\bar{x} - \xi)^2 + (\bar{y} - \eta)^2 + (\bar{z} - \zeta)^2}} + \frac{1}{\sqrt{(\bar{x} - \xi)^2 + (\bar{y} - \eta)^2 + (\bar{z} + 2h + \zeta)^2}}\right\} \\
&- \frac{2}{\pi} \int_0^{\pi} d\theta \int_0^{\infty} \frac{\exp [-Kh] \cdot \cosh [K(\zeta + h)]}{\cosh [Kh]} \cdot \exp [jK(\bar{x} - \xi) \cos \theta] \\
&\times \cos [K(\bar{y} - \eta) \sin \theta] \cdot \cosh [K(\bar{z} + h)]\, dK. \qquad (7.23)
\end{aligned}$$

Nun interessiert der Grenzwert

$$\lim_{t\to\infty} \exp[j\Omega t] \cdot \overline{G}(\bar{x}, \bar{y}, \bar{z}, t; \xi, \eta, \zeta, \Omega)$$
$$= \lim_{t\to\infty} \exp[j\Omega t] \cdot \{\hat{G}_0(\bar{x}, \bar{y}, \bar{z}, t; \xi, \eta, \zeta, \Omega) + \hat{G}_1(\bar{x}, \bar{y}, \bar{z}, t; \xi, \eta, \zeta, \Omega)\}. \qquad (7.24)$$

Aus (7.23) ist $\lim_{t\to\infty} \exp[j\Omega t] \cdot \hat{G}_0(\bar{x}, \bar{y}, \bar{z}, t; \xi, \eta, \zeta, \Omega)$ direkt zu entnehmen. Zu bestimmen ist also

$$\lim_{t\to\infty} \exp[j\Omega t]\, \hat{G}_1(\bar{x}, \bar{y}, \bar{z}, t; \xi, \eta, \zeta, \Omega) = \overline{G}_1(\bar{x}, \bar{y}, \bar{z}; \xi, \eta, \zeta; \Omega)$$
$$= \lim_{t\to\infty} \frac{2\sqrt{g}}{\pi} \int_0^{\pi} d\theta \int_0^{\infty} \frac{K(1 + \tanh[Kh]) \exp[-Kh] \cosh[K(\zeta + h)] \cosh[K(\bar{z} + h)]}{\sqrt{K \cdot \tanh[Kh]} \cdot \cosh[Kh]}$$
$$\times \exp[jK(\bar{x} - \xi)\cos\theta] \cdot \cos[K(\bar{y} - \eta)\sin\theta]$$
$$\times \frac{1}{2}\left[\frac{\exp[j(\Omega - \sqrt{gK\tanh[Kh]} + s_0K\cos\theta)\, t] - 1}{\Omega - \sqrt{gK\tanh[Kh]} + s_0K\cos\theta}\right.$$
$$\left. - \frac{\exp[j(\Omega + \sqrt{gK\tanh[Kh]} + s_0K\cos\theta)\, t] - 1}{\Omega + \sqrt{gK\tanh[Kh]} + s_0K\cos\theta}\right] dK. \qquad (7.25)$$

Die Integration bezüglich K ist hierin längs der positiven reellen Achse der komplexen K-Ebene zu erstrecken. Der Grenzwert des Integrals für $t \to \infty$ kann berechnet werden, wenn dieser Integrationsweg in der Umgebung der Punkte der reellen Achse, in denen die Nenner des in der eckigen Klammer stehenden Ausdrucks verschwinden, so deformiert wird, daß auf dem deformierten Integrationsweg die t enthaltenden Exponentialfunktionen für $t \to \infty$ verschwinden. Wie sich zeigen wird, hängt diese Deformation des Integrationsweges für $s_0 \neq 0$ noch von θ ab.

1. Zunächst bestimmen wir den Grenzwert (7.25), wenn $\Omega = 0$, $s_0 \neq 0$ ist. Hier ist also der Grenzwert

$$v = \lim_{t\to\infty} \frac{2\sqrt{g}}{\pi} \int_0^{\pi} d\theta \int_0^{\infty} \frac{K(1 + \tanh[Kh]) \exp[-Kh] \cdot \cosh[K(\zeta + h)] \cdot \cosh[K(\bar{z} + h)]}{\sqrt{K \cdot \tanh[Kh]} \cdot \cosh[Kh]}$$
$$\times \exp[jK(\bar{x} - \xi)\cos\theta] \cos[K(\bar{y} - \eta)\sin\theta]$$
$$\times \frac{1}{2}\left[\frac{\exp[j(s_0K\cos\theta - \sqrt{gK\tanh[Kh]})\, t] - 1}{s_0K\cos\theta - \sqrt{gK\tanh[Kh]}}\right.$$
$$\left. + \frac{1 - \exp[j(s_0K\cos\theta + \sqrt{gK\tanh[Kh]})\, t]}{s_0K\cos\theta + \sqrt{gK \cdot \tanh[Kh]}}\right] dK \qquad (7.26a)$$

zu ermitteln. Hierfür können wir auch schreiben:

$$v = \lim_{t\to\infty} \Re \frac{2\sqrt{g}}{\pi} \int_0^{\pi/2} d\theta \int_0^{\infty} \frac{K(1+\tanh[Kh])\exp[-Kh]\cosh[K(\zeta+h)]\cosh[K(\bar{z}+h)]}{\sqrt{K\cdot\tanh[Kh]}\cdot\cosh[Kh]}$$

$$\times \exp[jK(\bar{x}-\xi)\cos\theta]\cos[K(\bar{y}-\eta)\sin\theta] \tag{7.26b}$$

$$\times \left[\frac{1-\exp[j(s_0K\cos\theta+\sqrt{gK\tanh[Kh]})\,t]}{s_0K\cos\theta+\sqrt{gK\tanh[Kh]}} + \frac{\exp[j(s_0K\cos\theta-\sqrt{gK\tanh[Kh]})\,t]-1}{s_0K\cos\theta-\sqrt{gK\tanh[Kh]}}\right] dK.$$

Nach dem Dirichletschen Lemma ist dies gleich:

$$v = \lim_{t\to\infty} \Re \frac{2\sqrt{g}}{\pi} \int_0^{\pi/2} d\theta \int_0^{\infty} \frac{K(1+\tanh[Kh])\exp[-Kh]\cosh[K(\zeta+h)]\cosh[K(\bar{z}+h)]}{\sqrt{K\cdot\tanh[Kh]}\cdot\cosh[Kh]}$$

$$\times \exp[jK(\bar{x}-\xi)\cos\theta]\cdot\cos[K(\bar{y}-\eta)\sin\theta] \tag{7.27}$$

$$\times \left[\frac{1}{s_0K\cos\theta+\sqrt{gK\cdot\tanh[Kh]}} + \frac{\exp[j(s_0K\cos\theta-\sqrt{gK\tanh[Kh]})\,t]-1}{s_0K\cos\theta-\sqrt{gK\tanh[Kh]}}\right] dK.$$

Zur Bestimmung dieses Grenzwertes untersuchen wir nun die Wurzeln $K_1(\theta)$ der Gleichung

$$s_0K\cos\theta-\sqrt{gK\cdot\tanh[Kh]}=0. \tag{7.28}$$

Schreiben wir (7.28) in der Form:

$$\cos\theta = \frac{\sqrt{gh}}{s_0}\cdot\sqrt{\frac{\tanh[Kh]}{Kh}} \qquad s_0>0,$$

so sehen wir, daß für $\frac{\sqrt{gh}}{s_0}>1$ die Gl. (7.28) für $0\leqq\theta<\frac{\pi}{2}$ genau eine positive reelle Wurzel $K_1(\theta)$ besitzt. Ist hingegen $\frac{\sqrt{gh}}{s_0}<1$, so besitzt die Gl. (7.28) dann und nur dann eine positive reelle Wurzel $K_1(\theta)$, wenn

$$\theta>\theta_0=\arccos\frac{\sqrt{gh}}{s_0}.$$

Sei nun $K_1(\theta)$ die reelle positive Wurzel der Gl. (7.28). In der Umgebung von K_1 gilt dann:

$$j(Ks_0\cos\theta-\sqrt{gK\tanh[Kh]})$$

$$=j(K-K_1)\left\{s_0\cos\theta-\frac{1}{2}\left(\sqrt{\frac{g\tanh[K_1h]}{K_1}}+\sqrt{\frac{gK_1}{\tanh[K_1h]}}\cdot\frac{h}{\cosh^2[K_1h]}\right)\right\}+\cdots$$

$$=j(K-K_1)\sqrt{\frac{g\tanh[K_1h]}{K_1}}\left\{1-\frac{1}{2}\left(1+\frac{1}{\tanh[K_1h]}\cdot\frac{K_1h}{\cosh^2[K_1h]}\right)\right\}+\cdots$$

$$=j(K-K_1)\frac{1}{2}\sqrt{\frac{g\tanh[K_1h]}{K_1}}\left\{1-\frac{2K_1h}{\sinh[2K_1h]}\right\}+\cdots. \tag{7.29}$$

Da für alle $x > 0$

$$\sinh x > x,$$

entnimmt man (7.29), daß

$$j(K s_0 \cos\theta - \sqrt{gK \cdot \tanh[Kh]}) = jA \cdot (K - K_1) + \cdots \qquad \text{mit } A > 0$$

gilt. Deformieren wir also den Integrationsweg in (7.27) in der K-Ebene derart, daß er in der Umgebung der Stelle $K_1(\theta)$ in der oberen Halbebene verläuft, so verschwindet der Grenzwert der t enthaltenden Exponentialfunktion für $t \to \infty$. Damit haben wir, wenn der deformierte Integrationsweg mit $\mathfrak{C}_1$ bezeichnet wird:

$$v = \Re e \frac{2\sqrt{g}}{\pi} \int_0^{\theta_0} d\theta \int_0^{\infty} \frac{K(1 + \tanh[Kh]) \exp[-Kh] \cosh[K(\zeta + h)] \cosh[K(\bar{z} + h)]}{\sqrt{K \cdot \tanh[Kh]} \cdot \cosh[Kh]}$$

$$\times \exp[jK(\bar{x} - \xi)\cos\theta] \cdot \cos[K(\bar{y} - \eta)\sin\theta]$$

$$\times \left[\frac{1}{s_0 K \cos\theta + \sqrt{gK \cdot \tanh[Kh]}} - \frac{1}{s_0 K \cos\theta - \sqrt{gK \cdot \tanh[Kh]}}\right] dK$$

$$+ \Re e \frac{2\sqrt{g}}{\pi} \int_{\theta_0}^{\pi/2} d\theta \int_{\mathfrak{C}_1} \frac{K(1 + \tanh[Kh]) \exp[-Kh] \cosh[K(\zeta + h)] \cosh[K(z + h)]}{\sqrt{K \tanh[Kh]} \cdot \cosh[Kh]}$$

$$\times \exp[jK(\bar{x} - \xi)\cos\theta] \cdot \cos[K(\bar{y} - \eta)\sin\theta]$$

$$\times \left[\frac{1}{s_0 K \cos\theta + \sqrt{gK \tanh[Kh]}} - \frac{1}{s_0 K \cos\theta - \sqrt{gK \tanh[Kh]}}\right] dK. \tag{7.30}$$

Hierbei ist

$$\theta_0 = \begin{cases} 0 & \text{, falls } \dfrac{\sqrt{gh}}{s_0} > 1 \\ \arccos \dfrac{\sqrt{gh}}{s_0}, & \text{falls } \dfrac{\sqrt{gh}}{s_0} < 1. \end{cases} \tag{7.31}$$

(7.30) können wir auch noch in der Form

$$v = \frac{4g}{\pi} \int_0^{\theta_0} d\theta \int_0^{\infty} \frac{K(1 + \tanh[Kh]) \exp[-Kh] \cosh[K(\zeta + h)] \cdot \cosh[K(\bar{z} + h)]}{\cosh[Kh]}$$

$$\times \frac{\cos[K(\bar{x} - \xi)\cos\theta] \cos[K(\bar{y} - \eta)\sin\theta]}{gK \tanh[Kh] - s_0^2 K^2 \cos^2\theta} dK$$

$$+ \Re e \frac{4g}{\pi} \int_{\theta_0}^{\pi/2} d\theta \int_{\mathfrak{C}_1} \frac{K(1 + \tanh[Kh]) \exp[-Kh] \cosh[K(\zeta + h)] \cosh[K(\bar{z} + h)]}{\cosh[Kh]}$$

$$\times \frac{\exp[jK(\bar{x} - \xi)\cos\theta] \cos[K(\bar{y} - \eta)\sin\theta] \, dK}{gK \tanh[Kh] - s_0^2 K^2 \cos^2\theta} \tag{7.32}$$

schreiben.

Beachtet man noch (7.23) und (7.24), so erhält man nach einfachen Umformungen:

$$\lim_{t\to\infty} \hat{G}(\bar{x}, \bar{y}, \bar{z}, t; \xi, \eta, \zeta, 0) = \lim_{t\to\infty} \{\hat{G}_0(\bar{x}, \bar{y}, \bar{z}, t; \xi, \eta, \zeta, 0) + \hat{G}_1(\bar{x}, \bar{y}, \bar{z}, t; \xi, \eta, \zeta, 0)\}$$

$$= \overline{G}(\bar{x}, \bar{y}, \bar{z}; \xi, \eta, \zeta; 0)$$

$$= \frac{1}{\sqrt{(\bar{x}-\xi)^2 + (\bar{y}-\eta)^2 + (\bar{z}-\zeta)^2}} + \frac{1}{\sqrt{(\bar{x}-\xi)^2 + (\bar{y}-\eta)^2 + (\bar{z}+2h+\zeta)^2}}$$

$$+ \frac{4}{\pi}\int_0^{\theta_0} d\theta \int_0^{\infty} \frac{(g + s_0^2 K \cos^2\theta) \exp[-Kh] \cosh[K(\zeta+h)] \cosh[K(\bar{z}+h)]}{\cosh[Kh]}$$

$$\times \frac{\cos[K(\bar{x}-\xi)\cos\theta] \cos[K(\bar{y}-\eta)\sin\theta]}{g\tanh[Kh] - s_0^2 K\cos^2\theta}\, dK$$

$$+ \mathfrak{Re}\, \frac{4}{\pi}\int_{\theta_0}^{\pi/2} d\theta \int_{\mathfrak{C}_1} \frac{(g + s_0^2 K \cos^2\theta) \exp[-Kh] \cosh[K(\zeta+h)] \cosh[K(\bar{z}+h)]}{\cosh[Kh]}$$

$$\times \frac{\exp[jK(\bar{x}-\xi)\cos\theta] \cos[K(\bar{y}-\eta)\sin\theta]}{g\tanh[Kh] - s_0^2 K\cos^2\theta}\, dK. \tag{7.33}$$

Bei der Ableitung der Formeln (7.32) und (7.33) hatten wir $s_0 > 0$ vorausgesetzt. Ist $s_0 = -s_0^*$, wo $s_0^* > 0$ ist, so geht (7.26b) über in

$$v = \lim_{t\to\infty} \mathfrak{Re}\, \frac{2\sqrt{g}}{\pi}\int_0^{\pi/2} d\theta \int_0^{\infty} \frac{K(1+\tanh[Kh]) \exp[-Kh] \cosh[K(\zeta+h)] \cosh[K(\bar{z}+h)]}{\sqrt{K\cdot\tanh[Kh]}\cdot\cosh[Kh]}$$

$$\times \exp[jK(\bar{x}-\xi)\cos\theta] \cos[K(\bar{y}-\eta)\sin\theta]$$

$$\times \left[\frac{1-\exp[-j(s_0^* K\cos\theta + \sqrt{gK\tanh[Kh]})\,t]}{s_0^* K\cos\theta + \sqrt{gK\tanh[Kh]}}\right.$$

$$\left. + \frac{\exp[-j(s_0^* K\cos\theta - \sqrt{gK\tanh[Kh]})\,t] - 1}{s_0^* K\cos\theta - \sqrt{gK\tanh[Kh]}}\right] dK.$$

Hieraus sieht man, daß die Überlegungen zur Grenzwertbestimmung völlig analog den vorherigen verlaufen. Ist $\mathfrak{C}_2$ ein Integrationsweg, der die reelle positive Wurzel $K_1^*(\theta)$ der Gleichung

$$s_0^* K\cos\theta - \sqrt{gK\tanh[Kh]} = 0$$

in der unteren Halbebene umgeht, und ist

$$\theta_0^* = \begin{cases} 0 & , \text{falls } \dfrac{\sqrt{gh}}{s_0^*} > 1 \\[2ex] \arccos\dfrac{\sqrt{gh}}{s_0^*}, & \text{falls } \dfrac{\sqrt{gh}}{s_0^*} < 1, \end{cases}$$

so gilt hier:

$$v = \frac{4g}{\pi} \int_0^{\theta_0^*} d\theta \int_0^{\infty} \frac{K(1 + \tanh[Kh]) \exp[-Kh] \cosh[K(\zeta + h)] \cosh[K(\bar{z} + h)]}{\cosh[Kh]}$$

$$\times \frac{\cos[K(\bar{x} - \xi)\cos\theta] \cos[K(\bar{y} - \eta)\sin\theta]}{gK\tanh[Kh] - s_0^{*2} K^2 \cos^2\theta} dK$$

$$+ \Re e \frac{4g}{\pi} \int_{\theta_0^*}^{\pi/2} d\theta \int_{\mathfrak{C}_2} \frac{K(1 + \tanh[Kh]) \exp[-Kh] \cosh[K(\zeta + h)] \cosh[K(\bar{z} + h)]}{\cosh[Kh]}$$

$$\times \frac{\exp[jK(\bar{x} - \xi)\cos\theta] \cos[K(\bar{y} - \eta)\sin\theta]}{gK\tanh[Kh] - s_0^{*2} K^2 \cos^2\theta} dK \tag{7.34}$$

und

$$\lim_{t\to\infty} \hat{G}(\bar{x}, \bar{y}, \bar{z}, t; \xi, \eta, \zeta, 0) = \overline{G}(\bar{x}, \bar{y}, \bar{z}; \xi, \eta, \zeta; 0)$$

$$= \frac{1}{\sqrt{(\bar{x} - \xi)^2 + (\bar{y} - \eta)^2 + (\bar{z} - \zeta)^2}} + \frac{1}{\sqrt{(\bar{x} - \xi)^2 + (\bar{y} - \eta)^2 + (\bar{z} + 2h + \zeta)^2}}$$

$$+ \frac{4}{\pi} \int_0^{\theta_0^*} d\theta \int_0^{\infty} \frac{(g + s_0^{*2} K \cos^2\theta) \exp[-Kh] \cosh[K(\zeta + h)] \cosh[K(\bar{z} + h)]}{\cosh[Kh]}$$

$$\times \frac{\cos[K(\bar{x} - \xi)\cos\theta] \cos[K(\bar{y} - \eta)\sin\theta]}{g\tanh[Kh] - s_0^{*2} K \cos^2\theta} dK$$

$$+ \Re e \frac{4}{\pi} \int_{\theta_0^*}^{\pi/2} d\theta \int_{\mathfrak{C}_2} \frac{(g + s_0^{*2} K \cos^2\theta) \exp[-Kh] \cosh[K(\zeta + h)] \cosh[K(\bar{z} + h)]}{\cosh[Kh]}$$

$$\times \frac{\exp[jK(\bar{x} - \xi)\cos\theta] \cos[K(\bar{y} - \eta)\sin\theta]}{g\tanh[Kh] - s_0^{*2} K \cos^2\theta} dK. \tag{7.35}$$

Die Integrationswege $\mathfrak{C}_1$ und $\mathfrak{C}_2$ sind in Abb. 7 dargestellt.

2. Nunmehr wollen wir den Grenzwert (7.25) bestimmen, wenn $s_0 = 0$, $\Omega \neq 0$ ist. Hier hat man also den Grenzwert

$$v = \lim_{t\to\infty} \frac{\sqrt{g}}{\pi} \int_0^{\pi} d\theta \int_0^{\infty} \frac{K(1 + \tanh[Kh]) \exp[-Kh] \cosh[K(\zeta + h)] \cosh[K(\bar{z} + h)]}{\sqrt{K\tanh[Kh]} \cosh[Kh]}$$

$$\times \exp[jK(\bar{x} - \xi)\cos\theta] \cos[K(\bar{y} - \eta)\sin\theta] \tag{7.36a}$$

$$\times \left[\frac{\exp[j(\Omega - \sqrt{gK\tanh[Kh]})t] - 1}{\Omega - \sqrt{gK\tanh[Kh]}} + \frac{1 - \exp[j(\Omega + \sqrt{gK\tanh[Kh]})t]}{\Omega + \sqrt{gK\tanh[Kh]}}\right] dK$$

zu ermitteln. Nach dem Dirichletschen Lemma gilt ($\Omega > 0$)

$$v = \lim_{t\to\infty} \frac{\sqrt{g}}{\pi} \int_0^{\pi} d\theta \int_0^{\infty} \frac{K(1 + \tanh[Kh]) \exp[-Kh] \cosh[K(\zeta + h)] \cosh[K(\bar{z} + h)]}{\sqrt{K \tanh[Kh]} \cosh[Kh]}$$

$$\times \exp[jK(\bar{x} - \xi) \cos\theta] \cos[K(\bar{y} - \eta) \sin\theta]$$

$$\times \left[\frac{\exp[j(\Omega - \sqrt{gK \tanh[Kh]})\, t] - 1}{\Omega - \sqrt{gK \tanh[Kh]}} + \frac{1}{\Omega + \sqrt{gK \tanh[Kh]}}\right] dK. \qquad (7.36\text{b})$$

Sei nun $K_1(\Omega)$ die eindeutig bestimmte reelle positive Wurzel der Gleichung

$$\Omega - \sqrt{gK \tanh[Kh]} = 0 \qquad (\Omega > 0).$$

Im Integral von (7.36) war nun die Integration bezüglich K längs der positiven reellen Achse der komplexen K-Ebene zu erstrecken.

Da der Integrand als Funktion der komplexen Veränderlichen K in der Umgebung von $K_1(\Omega)$ keine Singularitäten besitzt, hat das Integral in (7.36b) denselben Wert, wenn die Integration bezüglich K längs eines Weges $\mathfrak{C}_3$ erstreckt wird, der mit der positiven reellen Achse übereinstimmt mit Ausnahme einer Umgebung der Stelle $K_1(\Omega)$, welche auf einem in der unteren Halbebene liegenden Kreisbogen umgangen wird. Wählt man den Radius dieses Kreisbogens hinreichend klein, so gilt auf ihm die Entwicklung

$$\begin{aligned} j(\Omega - \sqrt{gK \tanh[Kh]}) &= -j(K - K_1) \\ &\quad \times \frac{\sqrt{g}}{2} \frac{1}{\sqrt{K_1 \tanh[K_1 h]}} \cdot \left\{\tanh[K_1 h] + \frac{K_1}{\cosh^2[K_1 h]}\right\} + \cdots \\ &= -jA(K - K_1) + \cdots \qquad \text{mit } A > 0. \end{aligned}$$

Hieraus entnimmt man, daß bei diesem Integrationsweg $\mathfrak{C}_3$ der Grenzwert ermittelt werden kann. Es ergibt sich

$$v = \Re e \frac{\sqrt{g}}{\pi} \int_0^{\pi} d\theta \int_{\mathfrak{C}_3} \frac{K(1 + \tanh[Kh]) \exp[-Kh] \cosh[K(\zeta + h)] \cosh[K(\bar{z} + h)]}{\sqrt{K \tanh[Kh]} \cosh[Kh]}$$

$$\times \exp[jK(\bar{x} - \xi) \cos\theta] \cos[K(\bar{y} - \eta) \sin\theta]$$

$$\times \left[\frac{-1}{\Omega - \sqrt{gK \cdot \tanh[Kh]}} + \frac{1}{\Omega + \sqrt{gK \tanh[Kh]}}\right] dK$$

oder

$$v = \Re e \frac{2g}{\pi} \int_0^{\pi} d\theta \int_{\mathfrak{C}_3} \frac{K(1 + \tanh[Kh]) \exp[-Kh] \cosh[K(\zeta + h)] \cosh[K(\bar{z} + h)]}{\cosh[Kh]}$$

$$\times \frac{\exp[jK(\bar{x} - \xi) \cos\theta] \cos[K(\bar{y} - \eta) \sin\theta]}{gK \tanh[Kh] - \Omega^2} dK. \qquad (7.37)$$

Beachtet man noch (7.23) und (7.24), so erhält man nach einfachen Umformungen:

$$\lim_{t\to\infty} \exp[j\Omega t]\, \hat{G}(\bar{x}, \bar{y}, \bar{z}, t; \xi, \eta, \zeta, \Omega)$$

$$= \lim_{t\to\infty} \exp[j\Omega t] \left\{\hat{G}_0(\bar{x}, \bar{y}, \bar{z}, t; \xi, \eta, \zeta, \Omega) + \hat{G}_1(\bar{x}, \bar{y}, \bar{z}, t; \xi, \eta, \zeta, \Omega)\right\}$$

$$= \overline{G}(\bar{x}, \bar{y}, \bar{z}; \xi, \eta, \zeta; \Omega)$$

$$= \frac{1}{\sqrt{(\bar{x}-\xi)^2 + (\bar{y}-\eta)^2 + (\bar{z}-\zeta)^2}} + \frac{1}{\sqrt{(\bar{x}-\xi)^2 + (\bar{y}-\eta)^2 + (\bar{z}+2h+\zeta)^2}}$$

$$+ \Re e \frac{2}{\pi} \int_0^{\pi} d\theta \int_{\mathfrak{C}_3} \frac{(gK + \Omega^2)\exp[-Kh]\cosh[K(\zeta+h)]\cosh[K(\bar{z}+h)]}{\cosh[Kh]}$$

$$\times \frac{\exp[jK(\bar{x}-\xi)\cos\theta]\cos[K(\bar{y}-\eta)\sin\theta]}{gK\tanh[Kh] - \Omega^2}\, dK. \qquad (7.38)$$

Bei der Bestimmung dieser Grenzwerte hatten wir $\Omega > 0$ vorausgesetzt. Ist $\Omega = -\Omega^*$, wo $\Omega^* > 0$ ist, so geht (7.36a) über in:

$$v = \lim_{t\to\infty} \frac{\sqrt{g}}{\pi} \int_0^{\pi} d\theta \int_0^{\infty} \frac{K(1+\tanh[Kh])\exp[-Kh]\cosh[K(\zeta+h)]\cosh[K(\bar{z}+h)]}{\sqrt{K\cdot\tanh[Kh]}\cdot\cosh[Kh]}$$

$$\times \exp[jK(\bar{x}-\xi)\cos\theta]\cos[K(\bar{y}-\eta)\sin\theta]$$

$$\times \left[\frac{\exp[-j(\Omega^* - \sqrt{gK\tanh[Kh]})\,t] - 1}{\Omega^* - \sqrt{gK\tanh[Kh]}}\right.$$

$$\left. + \frac{1 - \exp[-j(\Omega^* + \sqrt{gK\tanh[Kh]})\,t]}{\Omega^* + \sqrt{gK\tanh[Kh]}}\right] dK.$$

Man entnimmt hieraus, daß die Überlegungen zur Grenzwertbestimmung völlig analog den vorigen verlaufen. Ist $\mathfrak{C}_4$ ein Integrationsweg, der die positive reelle Wurzel $K_1^*(\Omega^*)$ der Gleichung

$$\Omega^* - \sqrt{gK\cdot\tanh[Kh]} = 0$$

in der oberen Halbebene umgeht, so gilt:

$$v = \Re e \frac{2g}{\pi} \int_0^{\pi} d\theta \int_{\mathfrak{C}_4} \frac{K(1+\tanh[Kh])\exp[-Kh]\cosh[K(\zeta+h)]\cosh[K(\bar{z}+h)]}{\cosh[Kh]}$$

$$\times \frac{\exp[jK(\bar{x}-\xi)\cos\theta]\cos[K(\bar{y}-\eta)\sin\theta]}{gK\tanh[Kh] - \Omega^{*2}}\, dK \qquad (7.39)$$

und

$$\lim_{t\to\infty} \exp[j\Omega^* t]\, G(\bar{x}, \bar{y}, \bar{z}, t; \xi, \eta, \zeta, -\Omega^*) = \overline{G}(\bar{x}, \bar{y}, \bar{z}; \xi, \eta, \zeta; -\Omega^*)$$

$$= \frac{1}{\sqrt{(\bar{x}-\xi)^2 + (\bar{y}-\eta)^2 + (\bar{z}-\zeta)^2}} + \frac{1}{\sqrt{(\bar{x}-\xi)^2 + (\bar{y}-\eta)^2 + (\bar{z}+2h+\zeta)^2}}$$

$$+ \Re e\, \frac{2}{\pi} \int_0^\pi d\theta \int_{\mathfrak{C}_4} \frac{(gK + \Omega^{*2}) \exp[-Kh] \cosh[K(\zeta+h)] \cosh[K(\bar{z}+h)]}{\cosh[Kh]}$$

$$\times \frac{\exp[jK(\bar{x}-\xi)\cos\theta] \cos[K(\bar{y}-\eta)\sin\theta]}{gK\tanh[Kh] - \Omega^{*2}}\, dK. \tag{7.40}$$

Abb. 2 zeigt den Verlauf der Integrationswege $\mathfrak{C}_3$ und $\mathfrak{C}_4$.

3. Nunmehr betrachten wir den Fall $s_0 \neq 0$, $\Omega \neq 0$.

Zu bestimmen ist hier der Grenzwert

$$v = \lim_{t\to\infty} \frac{2\sqrt{g}}{\pi} \int_0^\pi d\theta \int_0^\infty \frac{K(1+\tanh[Kh]) \exp[-Kh] \cosh[K(\zeta+h)] \cosh[K(\bar{z}+h)]}{\sqrt{K\tanh[Kh]}\cosh[Kh]}$$

$$\times \exp[jK(\bar{x}-\xi)\cos\theta] \cos[K(\bar{y}-\eta)\sin\theta]$$

$$\times \frac{1}{2}\left[\frac{\exp[j(\Omega - \sqrt{gK\tanh[Kh]} + s_0 K\cos\theta)\,t] - 1}{\Omega - \sqrt{gK\tanh[Kh]} + s_0 K\cos\theta}\right.$$

$$\left. - \frac{\exp[j(\Omega + \sqrt{gK\tanh[Kh]} + s_0 K\cos\theta)\,t] - 1}{\Omega + \sqrt{gK\tanh[Kh]} + s_0 K\cos\theta}\right] dK. \tag{7.41}$$

Um den Integrationsweg bezüglich K, der zunächst die positive reelle Achse der komplexen K-Ebene ist, passend zu deformieren, müssen wir vorerst untersuchen, wo der Integrand in (7.41) Singularitäten auf dem Integrationsweg besitzt. Wie man aus (7.41) entnimmt, kommen als Singularitäten des Integranden auf der positiven reellen Achse nur die Wurzeln der Gleichungen

$$\Omega - \sqrt{gK\tanh[Kh]} + s_0 K\cos\theta = 0 \tag{7.42}$$

und

$$\Omega + \sqrt{gK\tanh[Kh]} + s_0 K\cos\theta = 0 \tag{7.43}$$

in Frage. Um diese Gleichungen in einfacher Weise diskutieren zu können, schreiben wir sie in der Form

$$\Omega + \frac{s_0 \cdot \cos\theta}{h}(Kh) = \sqrt{\frac{g}{h}} \cdot \sqrt{Kh \cdot \tanh[Kh]} \tag{7.44}$$

und $(0 \leqq \theta \leqq \pi)$

$$\Omega + \frac{s_0 \cdot \cos\theta}{h}(Kh) = -\sqrt{\frac{g}{h}}\sqrt{Kh \cdot \tanh[Kh]}. \tag{7.45}$$

Bei festem θ sind die positiven reellen Wurzeln Kh dieser Gleichungen die Abszissen der Schnittpunkte der Geraden

$$f(X) = \Omega + \frac{s_0 \cos\theta}{h} \cdot X \tag{7.46}$$

mit den Kurven

$$k_1(X) = \sqrt{\frac{g}{h}} \sqrt{X \cdot \tanh X} \tag{7.47}$$

bzw.

$$k_2(X) = -\sqrt{\frac{g}{h}} \cdot \sqrt{X \cdot \tanh X}. \tag{7.48}$$

Zunächst setzen wir $\Omega > 0$, $s_0 > 0$ voraus.

In Abb. 9 ist der Verlauf der Kurven (7.46)–(7.48) für $\Omega > 0$, $s_0 > 0$ dargestellt. Wie aus Abb. 9 hervorgeht, erscheint es sinnvoll, zunächst nach den Bedingungen zu fragen, unter denen die Gerade (7.46) die Kurve (7.47) berührt. Sei X_0 die Abszisse dieses Berührungspunktes. Dann muß gelten:

$$\Omega + \frac{s_0 \cos\theta}{h} \cdot X_0 = \sqrt{\frac{g}{h}} \sqrt{X_0 \cdot \tanh X_0} \tag{7.49}$$

und

$$\frac{s_0 \cos\theta}{h} = \frac{1}{2} \sqrt{\frac{g}{h}} \cdot \frac{1}{\sqrt{X_0 \tanh X_0}} \left\{ \tanh X_0 + \frac{X_0}{\cosh^2 X_0} \right\}. \tag{7.50}$$

Diese beiden Gleichungen sind gleichbedeutend mit

$$\cos\theta = \frac{\sqrt{gh}}{s_0} \sqrt{\frac{\tanh X_0}{X_0}} - \frac{\Omega h}{s_0} \cdot \frac{1}{X_0} \tag{7.51}$$

und

$$\cos\theta = \frac{1}{2} \frac{\sqrt{gh}}{s_0} \frac{1}{\sqrt{X_0 \tanh X_0}} \left\{ \tanh X_0 + \frac{X_0}{\cosh^2 X_0} \right\}. \tag{7.52}$$

Elimination von $\cos\theta$ aus diesen beiden Gleichungen ergibt:

$$\frac{\sqrt{gh}}{s_0} \sqrt{\frac{\tanh X_0}{X_0}} - \frac{\Omega h}{s_0} \cdot \frac{1}{X_0} = \frac{1}{2} \frac{\sqrt{gh}}{s_0} \frac{1}{\sqrt{X_0 \tanh X_0}} \left\{ \tanh X_0 + \frac{X_0}{\cosh^2 X_0} \right\}.$$

Diese Gleichung läßt sich leicht umformen zu

$$\frac{\sqrt{gh}}{s_0} \cdot \frac{1}{2} \cdot \sqrt{\frac{\tanh X_0}{X_0}} \left(1 - \frac{2 X_0}{\sinh 2 X_0} \right) = \frac{\Omega h}{s_0} \frac{1}{X_0}. \tag{7.53}$$

In Abb. 10 ist nun der Verlauf der Kurven

$$f_1(X) = \frac{\sqrt{gh}}{s_0} \cdot \frac{1}{2} \sqrt{\frac{\tanh X}{X}} \left(1 - \frac{2X}{\sinh 2X}\right)$$

und

$$f_2(X) = \frac{\Omega h}{s_0} \cdot \frac{1}{X}$$

dargestellt. Man sieht, daß diese beiden Kurven genau einen Schnittpunkt mit der positiven reellen Abszisse $X_0(\sqrt{gh}/s_0, \Omega h/s_0)$ besitzen. Setzt man diesen Wert $X_0(\sqrt{gh}/s_0, \Omega h/s_0)$ in (7.51) oder (7.52) ein, so erhält man für den Wert θ_0^*, bei dem die Gerade (7.46) die Kurve (7.47) berührt:

$$\cos \theta_0^* = f\left(\frac{\sqrt{gh}}{s_0}, \frac{\Omega h}{s_0}\right).$$

Mit $f\left(\frac{\sqrt{gh}}{s_0}, \frac{\Omega h}{s_0}\right)$ haben wir hierbei eine bestimmte reelle positive, nur von $\frac{\sqrt{gh}}{s_0}$ und $\frac{\Omega h}{s_0}$ abhängige Zahl bezeichnet. Setzen wir nun

$$\theta_0 = \begin{cases} 0 & , \text{falls } 1 < f\left(\frac{\sqrt{gh}}{s_0}, \frac{\Omega h}{s_0}\right) \\ \operatorname{arc\,cos} f\left(\frac{\sqrt{gh}}{s_0}, \frac{\Omega h}{s_0}\right), & \text{falls } f\left(\frac{\sqrt{gh}}{s_0}, \frac{\Omega h}{s_0}\right) < 1, \end{cases} \tag{7.54}$$

so entnehmen wir Abb. 9 die folgenden Aussagen über die Schnittpunkte der Geraden (7.46) mit den Kurven (7.47) oder (7.48) bzw. über die positiven reellen Wurzeln die Gln. (7.42) oder (7.43):

a) Die Gleichung

$$\Omega - \sqrt{gK \tanh [Kh]} + s_0 K \cos \theta = 0$$

besitzt für $\Omega > 0$, $s_0 > 0$

1. keine positiven reellen Wurzeln, falls $0 \leqq \theta < \theta_0$,
2. die positiven reellen Wurzeln $K_1(\theta)$ und $K_2(\theta)$ mit $K_1(\theta) > K_2(\theta)$, falls $\theta_0 < \theta < \pi/2$. Es gilt

$$\frac{s_0 \cos \theta}{h} > \sqrt{\frac{g}{h}} \frac{d\sqrt{Kh \cdot \tanh [Kh]}}{d(Kh)} = \frac{1}{h} \frac{d\sqrt{gK \tanh [Kh]}}{dK} \quad \text{für } K = K_1(\theta) \tag{7.55}$$

und

$$\frac{s_0 \cos\theta}{h} < \sqrt{\frac{g}{h}}\,\frac{d\sqrt{Kh \tanh[Kh]}}{d(Kh)} = \frac{1}{h}\,\frac{d\sqrt{gK \tanh[Kh]}}{dK} \qquad \text{für } K = K_2(\theta), \tag{7.56}$$

wie man durch Vergleich der Steigungsmaße der Kurven in den Schnittpunkten entnimmt.

3. die positive reelle Wurzel $K_2(\theta)$, falls $\pi/2 \leqq \theta \leqq \pi$.

   Es gilt:

$$\frac{s_0 \cos\theta}{h} < \frac{1}{h}\,\frac{d\sqrt{gK \tanh[Kh]}}{dK} \qquad \text{für } K = K_2(\theta). \tag{7.57}$$

b) Die Gleichung

$$\Omega + \sqrt{gK \tanh[Kh]} + s_0 K \cos\theta = 0$$

besitzt für $\Omega > 0$, $s_0 > 0$

1. keine positiven reellen Wurzeln, falls $0 \leqq \theta \leqq \pi/2$,
2. die positive reelle Wurzel $K_1(\theta)$, falls $\pi/2 < \theta \leqq \pi$.

Es gilt $K_1(\theta) > K_2(\theta)$, wo $K_2(\theta)$ die unter a) 3. aufgeführte Wurzel ist. Ferner gilt

$$\frac{s_0 \cos\theta}{h} < -\sqrt{\frac{g}{h}}\,\frac{d\sqrt{Kh \cdot \tanh[Kh]}}{d(Kh)} = -\frac{1}{h}\,\frac{d\sqrt{gK \tanh[Kh]}}{dK} \qquad \text{für } K = K_1(\theta). \tag{7.58}$$

Da

$$(\Omega - \sqrt{gK \tanh[Kh]} + s_0 K \cos\theta)\,(\Omega + \sqrt{gK \tanh[Kh]} + s_0 K \cos\theta) = (\Omega + s_0 K \cos\theta)^2 - gK \tanh[Kh]$$

gilt, lassen sich die Aussagen unter a) und b) zusammenfassen zu:

c) Die Gleichung

$$(\Omega + s_0 K \cos\theta)^2 - gK \tanh[Kh] = 0$$

besitzt für $\Omega > 0$, $s_0 > 0$

1. keine positiven reellen Wurzeln, falls $0 \leqq \theta < \theta_0$,
2. die positiven reellen Wurzeln $K_1(\theta)$ und $K_2(\theta)$ mit $K_1(\theta) > K_2(\theta)$, falls $\theta_0 < \theta \leqq \pi$ und $\theta \neq \frac{\pi}{2}$.

Jetzt können wir zur Untersuchung des Grenzwertes (7.41) übergehen. In der Umgebung der positiven reellen Wurzeln der Gleichungen (7.42) und (7.43) wollen wir den Integrationsweg so deformieren, daß erstens der Wert des Integrals in (7.41) sich nicht ändert und zweitens die t enthaltenden Exponentialfunktionen für $t \to \infty$ gegen Null streben.

Sei nun $\theta_0 < \theta < \pi/2$. Dann gilt in einer hinreichend kleinen Umgebung von $K_1(\theta)$ wegen (7.55) die Entwicklung

$$j(\Omega - \sqrt{gK \tanh [Kh]} + s_0 K \cos \theta) = j A_1 (K - K_1) + \cdots \text{ mit } A_1 > 0, \tag{7.59}$$

von $K_2(\theta)$ wegen (7.56) die Entwicklung

$$j(\Omega - \sqrt{gK \tanh [Kh]} + s_0 K \cos \theta) = - j A_2 (K - K_2) + \cdots \text{ mit } A_2 > 0, \tag{7.60}$$

von $K_1(\theta)$ die Entwicklung

$$j(\Omega + \sqrt{gK \tanh [Kh]} + s_0 K \cos \theta) = j\, 2 \sqrt{gK_1 \tanh [K_1 h]} + \cdots, \tag{7.61}$$

da $\Omega + s_0 K_1 \cos \theta = \sqrt{gK_1 \tanh [K_1 h]}$ ist, von $K_2(\theta)$ die Entwicklung

$$j(\Omega + \sqrt{gK \tanh [Kh]} + s_0 K \cos \theta) = j\, 2 \sqrt{gK_2 \tanh [K_2 h]} + \cdots, \tag{7.62}$$

da $\Omega + s_0 K_2 \cos \theta = \sqrt{gK_2 \tanh [K_2 h]}$ ist.

Ist $\pi/2 < \theta < \pi$, dann gilt in einer hinreichend kleinen Umgebung von $K_1(\theta)$ die Entwicklung

$$j(\Omega - \sqrt{gK \tanh [Kh]} + s_0 K \cos \theta) = - j\, 2 \sqrt{gK_1 \tanh [K_1 h]} + \cdots, \tag{7.63}$$

da $\Omega + s_0 K_1 \cos \theta = - \sqrt{gK_1 \tanh [K_1 h]}$ ist, von $K_2(\theta)$ wegen (7.57) die Entwicklung

$$j(\Omega - \sqrt{gK \tanh [Kh]} + s_0 K \cos \theta) = - j A_3 (K - K_2) + \cdots \text{ mit } A_3 > 0, \tag{7.64}$$

von $K_1(\theta)$ wegen (7.58) die Entwicklung

$$j(\Omega + \sqrt{gK \tanh [Kh]} + s_0 K \cos \theta) = - j A_4 (K - K_1) + \cdots \text{ mit } A_4 > 0, \tag{7.65}$$

von $K_2(\theta)$

$$j(\Omega + \sqrt{gK \tanh [Kh]} + s_0 K \cos \theta) = j\, 2 \sqrt{gK_2 \tanh [K_2 h]} + \cdots, \tag{7.66}$$

da $\Omega + s_0 K_2 \cos \theta = \sqrt{gK_2 \tanh [K_2 h]}$ ist.

Hieraus entnehmen wir:

Damit die t enthaltenden Exponentialfunktionen in (7.41) für $t \to \infty$ verschwinden, haben wir den Integrationsweg in der folgenden Weise zu deformieren:

1. $0 \leqq \theta < \theta_0$.

Da hier der Integrand keine singulären Stellen auf der positiven reellen Achse besitzt, behalten wir als Integrationsweg die positive reelle Achse bei.

2. $\theta_0 < \theta < \frac{\pi}{2}$.

Um unserer Forderung zu entsprechen, haben wir wegen (7.59) und (7.60) den Integrationsweg in der komplexen K-Ebene so zu deformieren, daß er in der Umgebung von $K_1(\theta)$ oberhalb und in der Umgebung von $K_2(\theta)$ unterhalb der reellen Achse verläuft. Diesen Integrationsweg bezeichnen wir mit L_1.

3. $\frac{\pi}{2} < \theta < \pi$.

Damit unserer Forderung entsprochen wird, haben wir wegen (7.64) und (7.65) den Integrationsweg in der komplexen K-Ebene so zu deformieren, daß er in der Umgebung der Stellen $K_1(\theta)$ und $K_2(\theta)$ unterhalb der reellen Achse verläuft. Diesen Integrationsweg bezeichnen wir mit L_2.

Die Abb. 11 zeigt den Verlauf der Integrationswege L_1 und L_2.

Damit erhalten wir den Grenzwert (7.41) zu

$$\begin{aligned} v = {} & \frac{2g}{\pi} \int_0^{\theta_0} d\theta \int_0^{\infty} \frac{K(1 + \tanh[Kh]) \exp[-Kh] \cosh[K(\zeta + h)] \cosh[K(\bar{z} + h)]}{\cosh[Kh]} \\ & \times \frac{\cos[K(\bar{x} - \xi)\cos\theta] \cos[K(\bar{y} - \eta)\sin\theta]}{gK \tanh[Kh] - (\Omega + s_0 K \cos\theta)^2} dK \\ & + \Re e \frac{2g}{\pi} \int_{\theta_0}^{\pi/2} d\theta \int_{L_1} \frac{K(1 + \tanh[Kh]) \exp[-Kh] \cosh[K(\zeta + h)] \cosh[K(\bar{z} + h)]}{\cosh[Kh]} \\ & \times \frac{\exp[jK(\bar{x} - \xi)\cos\theta] \cos[K(\bar{y} - \eta)\sin\theta]}{gK \tanh[Kh] - (\Omega + s_0 K \cos\theta)^2} dK \\ & + \Re e \frac{2g}{\pi} \int_{\pi/2}^{\pi} d\theta \int_{L_2} \frac{K(1 + \tanh[Kh]) \exp[-Kh] \cosh[K(\zeta + h)] \cosh[K(\bar{z} + h)]}{\cosh[Kh]} \\ & \times \frac{\exp[jK(\bar{x} - \xi)\cos\theta] \cos[K(\bar{y} - \eta)\sin\theta]}{gK \tanh[Kh] - (\Omega + s_0 K \cos\theta)^2} dK. \end{aligned} \tag{7.67}$$

Hierbei ist

$$\theta_0 = \begin{cases} 0 & , \text{ falls } 1 < f\left(\frac{\sqrt{gh}}{|s_0|}, \frac{|\Omega| h}{|s_0|}\right) \\ \arccos f\left(\frac{\sqrt{gh}}{|s_0|}, \frac{|\Omega| h}{|s_0|}\right), & \text{ falls } f\left(\frac{\sqrt{gh}}{|s_0|}, \frac{|\Omega| h}{|s_0|}\right) < 1. \end{cases} \tag{7.68}$$

Beachtet man noch (7.23) und (7.24), so erhält man nach einfachen Umformungen:

$$\lim_{t\to\infty} \exp[j\Omega t]\, \hat{G}(\bar{x}, \bar{y}, \bar{z}, t; \xi, \eta, \zeta, \Omega)$$
$$= \lim_{t\to\infty} \exp[j\Omega t]\, \{\hat{G}_0(\bar{x}, \bar{y}, \bar{z}, t; \xi, \eta, \zeta, \Omega) + \hat{G}_1(\bar{x}, \bar{y}, \bar{z}, t; \xi, \eta, \zeta, \Omega)\}$$
$$= \overline{G}(\bar{x}, \bar{y}, \bar{z}; \xi, \eta, \zeta; \Omega)$$
$$= \frac{1}{\sqrt{(\bar{x}-\xi)^2 + (\bar{y}-\eta)^2 + (\bar{z}-\zeta)^2}} + \frac{1}{\sqrt{(\bar{x}-\xi)^2 + (\bar{y}-\eta)^2 + (\bar{z}+2h+\zeta)^2}}$$
$$+ \frac{2}{\pi}\int_0^{\theta_0} d\theta \int_0^{\infty} \frac{\{gK + (\Omega + s_0 K\cos\theta)^2\} \exp[-Kh] \cosh[K(\zeta+h)] \cosh[K(\bar{z}+h)]}{\cosh[Kh]}$$
$$\times \frac{\cos[K(\bar{x}-\xi)\cos\theta] \cos[K(\bar{y}-\eta)\sin\theta]}{gK\tanh[Kh] - (\Omega + s_0 K\cos\theta)^2}\, dK$$
$$+ \Re e\, \frac{2}{\pi}\int_{\theta_0}^{\pi/2} d\theta \int_{L_1} \frac{\{gK + (\Omega + s_0 K\cos\theta)^2\} \exp[-Kh] \cosh[K(\zeta+h)] \cosh[K(\bar{z}+h)]}{\cosh[Kh]}$$
$$\times \frac{\exp[jK(\bar{x}-\xi)\cos\theta] \cos[K(\bar{y}-\eta)\sin\theta]}{gK\tanh[Kh] - (\Omega + s_0 K\cos\theta)^2}\, dK$$
$$+ \Re e\, \frac{2}{\pi}\int_{\pi/2}^{\pi} d\theta \int_{L_2} \frac{\{gK + (\Omega + s_0 K\cos\theta)^2\} \exp[-Kh] \cosh[K(\zeta+h)] \cosh[K(\bar{z}+h)]}{\cosh[Kh]}$$
$$\times \frac{\exp[jK(\bar{x}-\xi)\cos\theta] \cos[K(\bar{y}-\eta)\sin\theta]}{gK\tanh[Kh] - (\Omega + s_0 K\cos\theta)^2}\, dK. \qquad (7.69)$$

Die Grenzwerte (7.67) und (7.69) hatten wir bestimmt unter der Voraussetzung $s_0 > 0$, $\Omega > 0$. In völlig analoger Weise können jedoch auch die Fälle $s_0 < 0$, $\Omega > 0$; $s_0 > 0$, $\Omega < 0$; $s_0 < 0$, $\Omega < 0$ behandelt werden. Hier seien nur die Endresultate angegeben. Ist θ_0 die nach (7.68) eingeführte Größe, so besitzt die Gleichung

$$(\Omega + s_0 K\cos\theta)^2 - gK\tanh[Kh] = 0$$

1. für $s_0 > 0$, $\Omega < 0$
   a) die positiven reellen Wurzeln $K_1(\theta)$ und $K_2(\theta)$ mit $K_1(\theta) > K_2(\theta)$, wenn $0 \leqq \theta < \pi - \theta_0$ und $\theta \neq \frac{\pi}{2}$,
   b) keine positiven reellen Wurzeln, wenn $\pi - \theta_0 < \theta \leqq \pi$ ist,
2. für $s_0 < 0$, $\Omega > 0$
   a) die positiven reellen Wurzeln $K_1(\theta)$ und $K_2(\theta)$ mit $K_1(\theta) > K_2(\theta)$, wenn $0 \leqq \theta < \pi - \theta_0$ und $\theta \neq \frac{\pi}{2}$,
   b) keine positiven reellen Wurzeln, wenn $\pi - \theta_0 < \theta \leqq \pi$ ist,

3. für $s_0 < 0, \Omega < 0$

a) keine positiven reellen Wurzeln, wenn $0 \leqq \theta < \theta_0$,

b) die positiven reellen Wurzeln $K_1(\theta)$ und $K_2(\theta)$ mit $K_1(\theta) > K_2(\theta)$, wenn $\theta_0 < \theta \leqq \pi$ und $\theta \neq \frac{\pi}{2}$ ist.

Werden dann neben den in Abb. 11 dargestellten Integrationswegen L_1 und L_2 noch die in Abb. 12 dargestellten Integrationswege L_3 und L_4 eingeführt, so ergeben sich analog zu (7.67) und (7.69) die folgenden Formeln:

1. $s_0 > 0, \Omega < 0$

$$v = \Re e \frac{2g}{\pi} \int_0^{\pi/2} d\theta \int_{L_3} K(1 + \tanh [Kh]) I(\theta, K; \bar{x}, \bar{y}, \bar{z}; \xi, \eta, \zeta; \Omega) \, dK$$

$$+ \Re e \frac{2g}{\pi} \int_{\pi/2}^{\pi-\theta_0} d\theta \int_{L_4} K(1 + \tanh [Kh]) I(\theta, K; \bar{x}, \bar{y}, \bar{z}; \xi, \eta, \zeta; \Omega) \, dK$$

$$+ \Re e \frac{2g}{\pi} \int_{\pi-\theta_0}^{\pi} d\theta \int_0^{\infty} K(1 + \tanh [Kh]) I(\theta, K; \bar{x}, \bar{y}, \bar{z}; \xi, \eta, \zeta; \Omega) \, dK, \quad (7.70)$$

$$\lim_{t\to\infty} \exp [j\Omega t] \, \hat{G}(\bar{x}, \bar{y}, \bar{z}, t; \xi, \eta, \zeta, \Omega) = \overline{G}(\bar{x}, \bar{y}, \bar{z}; \xi, \eta, \zeta; \Omega)$$

$$= \frac{1}{r_I} + \frac{1}{r_{II}} + \Re e \frac{2}{\pi} \int_0^{\pi/2} d\theta \int_{L_3} \{gK + (\Omega + s_0 K \cos \theta)^2\} I(\theta, K; \bar{x}, \bar{y}, \bar{z}; \xi, \eta, \zeta; \Omega) \, dK$$

$$+ \Re e \frac{2}{\pi} \int_{\pi/2}^{\pi-\theta_0} d\theta \int_{L_4} \{gK + (\Omega + s_0 K \cos \theta)^2\} I(\theta, K; \bar{x}, \bar{y}, \bar{z}; \xi, \eta, \zeta; \Omega) \, dK$$

$$+ \Re e \frac{2}{\pi} \int_{\pi-\theta_0}^{\pi} d\theta \int_0^{\infty} \{gK + (\Omega + s_0 K \cos \theta)^2\} I(\theta, K; \bar{x}, \bar{y}, \bar{z}; \xi, \eta, \zeta; \Omega) \, dK. \quad (7.71)$$

2. $s_0 < 0, \Omega > 0$

$$v = \Re e \frac{2g}{\pi} \int_0^{\pi/2} d\theta \int_{L_2} K(1 + \tanh [Kh]) I(\theta, K; \bar{x}, \bar{y}, \bar{z}; \xi, \eta, \zeta; \Omega) \, dK$$

$$+ \Re e \frac{2g}{\pi} \int_{\pi/2}^{\pi-\theta_0} d\theta \int_{L_1} K(1 + \tanh [Kh]) I(\theta, K; \bar{x}, \bar{y}, \bar{z}; \xi, \eta, \zeta; \Omega) \, dK$$

$$+ \Re e \frac{2g}{\pi} \int_{\pi-\theta_0}^{\pi} d\theta \int_0^{\infty} K(1 + \tanh [Kh]) I(\theta, K; \bar{x}, \bar{y}, \bar{z}; \xi, \eta, \zeta; \Omega) \, dK, \quad (7.72)$$

$$\lim_{t\to\infty} \exp[j\Omega t]\,\hat{G}(\bar{x},\bar{y},\bar{z},t;\xi,\eta,\zeta,\Omega) = \overline{G}(\bar{x},\bar{y},\bar{z};\xi,\eta,\zeta;\Omega)$$

$$= \frac{1}{r_I} + \frac{1}{r_{II}} + \Re e\,\frac{2}{\pi}\int_0^{\pi/2} d\theta \int_{L_2} \{gK + (\Omega + s_0 K\cos\theta)^2\}\, I(\theta,K;\bar{x},\bar{y},\bar{z};\xi,\eta,\zeta;\Omega)\, dK$$

$$+ \Re e\,\frac{2}{\pi}\int_{\pi/2}^{\pi-\theta_0} d\theta \int_{L_1} \{gK + (\Omega + s_0 K\cos\theta)^2\}\, I(\theta,K;\bar{x},\bar{y},\bar{z};\xi,\eta,\zeta;\Omega)\, dK$$

$$+ \Re e\,\frac{2}{\pi}\int_{\pi-\theta_0}^{\pi} d\theta \int_0^{\infty} \{gK + (\Omega + s_0 K\cos\theta)^2\}\, I(\theta,K;\bar{x},\bar{y},\bar{z};\xi,\eta,\zeta;\Omega)\, dK. \quad (7.73)$$

3. $s_0 < 0, \Omega < 0$

$$v = \Re e\,\frac{2g}{\pi}\int_0^{\theta_0} d\theta \int_0^{\infty} K(1 + \tanh[Kh])\, I(\theta,K;\bar{x},\bar{y},\bar{z};\xi,\eta,\zeta;\Omega)\, dK$$

$$+ \Re e\,\frac{2g}{\pi}\int_{\theta_0}^{\pi/2} d\theta \int_{L_4} K(1 + \tanh[Kh])\, I(\theta,K;\bar{x},\bar{y},\bar{z};\xi,\eta,\zeta;\Omega)\, dK$$

$$+ \Re e\,\frac{2g}{\pi}\int_{\pi/2}^{\pi} d\theta \int_{L_3} K(1 + \tanh[Kh])\, I(\theta,K;\bar{x},\bar{y},\bar{z};\xi,\eta,\zeta;\Omega)\, dK, \quad (7.74)$$

$$\lim_{t\to\infty} \exp[j\Omega t]\,\hat{G}(\bar{x},\bar{y},\bar{z},t;\xi,\eta,\zeta,\Omega) = \overline{G}(\bar{x},\bar{y},\bar{z};\xi,\eta,\zeta;\Omega)$$

$$= \frac{1}{r_I} + \frac{1}{r_{II}} + \Re e\,\frac{2}{\pi}\int_0^{\theta_0} d\theta \int_0^{\infty} \{gK + (\Omega + s_0 K\cos\theta)^2\}\, I(\theta,K;\bar{x},\bar{y},\bar{z};\xi,\eta,\zeta;\Omega)\, dK$$

$$+ \Re e\,\frac{2}{\pi}\int_{\theta_0}^{\pi/2} d\theta \int_{L_4} \{gK + (\Omega + s_0 K\cos\theta)^2\}\, I(\theta,K;\bar{x},\bar{y},\bar{z};\xi,\eta,\zeta;\Omega)\, dK$$

$$+ \Re e\,\frac{2}{\pi}\int_{\pi/2}^{\pi} d\theta \int_{L_3} \{gK + (\Omega + s_0 K\cos\theta)^2\}\, I(\theta,K;\bar{x},\bar{y},\bar{z};\xi,\eta,\zeta;\Omega)\, dK. \quad (7.75)$$

In dieser Form geschrieben lauten (7.67) und (7.69):

4. $s_0 > 0, \Omega > 0$

$$v = \Re e\,\frac{2g}{\pi}\int_0^{\theta_0} d\theta \int_0^{\infty} K(1 + \tanh[Kh])\, I(\theta,K;\bar{x},\bar{y},\bar{z};\xi,\eta,\zeta;\Omega)\, dK$$

$$+ \Re e\,\frac{2g}{\pi}\int_{\theta_0}^{\pi/2} d\theta \int_{L_1} K(1 + \tanh[Kh])\, I(\theta,K;\bar{x},\bar{y},\bar{z};\xi,\eta,\zeta;\Omega)\, dK$$

$$+ \Re e\,\frac{2g}{\pi}\int_{\pi/2}^{\pi} d\theta \int_{L_2} K(1 + \tanh[Kh])\, I(\theta,K;\bar{x},\bar{y},\bar{z};\xi,\eta,\zeta;\Omega)\, dK, \quad (7.76)$$

$$\lim_{t\to\infty} \exp[j\Omega t]\, \hat{G}(\bar{x}, \bar{y}, \bar{z}, t; \xi, \eta, \zeta, \Omega) = \overline{G}(\bar{x}, \bar{y}, \bar{z}; \xi, \eta, \zeta; \Omega)$$

$$= \frac{1}{r_I} + \frac{1}{r_{II}} + \Re e \frac{2}{\pi} \int_0^{\theta_0} d\theta \int_0^{\infty} \{gK + (\Omega + s_0 K \cos\theta)^2\} I(\theta, K; \bar{x}, \bar{y}, \bar{z}; \xi, \eta, \zeta; \Omega)\, dK$$

$$+ \Re e \frac{2}{\pi} \int_{\theta_0}^{\pi/2} d\theta \int_{L_1} \{gK + (\Omega + s_0 K \cos\theta)^2\} I(\theta, K; \bar{x}, \bar{y}, \bar{z}; \xi, \eta, \zeta; \Omega)\, dK$$

$$+ \Re e \frac{2}{\pi} \int_{\pi/2}^{\pi} d\theta \int_{L_2} \{gK + (\Omega + s_0 K \cos\theta)^2\} I(\theta, K; \bar{x}, \bar{y}, \bar{z}; \xi, \eta, \zeta; \Omega)\, dK. \quad (7.77)$$

In (7.70)–(7.77) haben wir zur Abkürzung gesetzt:

$$I(\theta, K; \bar{x}, \bar{y}, \bar{z}; \xi, \eta, \zeta; \Omega)$$

$$= \frac{\exp[-Kh] \cosh[K(\zeta + h)] \cosh[K(\bar{z} + h)]}{\cosh[Kh]}$$

$$\times \frac{\exp[jK(\bar{x} - \xi)\cos\theta] \cos[K(\bar{y} - \eta)\sin\theta]}{gK \tanh[Kh] - (\Omega + s_0 K \cos\theta)^2}, \quad (7.78)$$

$$r_I = \sqrt{(\bar{x} - \xi)^2 + (\bar{y} - \eta)^2 + (\bar{z} - \zeta)^2}, \quad (7.79)$$

$$r_{II} = \sqrt{(\bar{x} - \xi)^2 + (\bar{y} - \eta)^2 + (\bar{z} + 2h + \zeta)^2}. \quad (7.80)$$

Damit haben wir die im Lösungsansatz (5.24) und in den Integralgleichungen (6.9)–(6.17) auftretende Funktion $\overline{G}(\bar{x}, \bar{y}, \bar{z}; \xi, \eta, \zeta; \Omega)$ für alle beim Begegnungs- oder Überholungsvorgang auftretenden Fälle bestimmt.

8. Die Differentialgleichungen für die Bewegung eines Schiffes

Den Vorgang des Begegnens oder Überholens von Schiffen haben wir in Abschnitt 4 als Randwertproblem, beschrieben durch die Gln. (4.1)–(4.7), formuliert. Für die Lösung dieses Randwertproblems hatten wir zunächst einmal die Größen $s_0^{(i)}$, $\omega_1^{(i)}(t)$, $\theta_{11}^{(i)}(t)$, $\theta_{31}^{(i)}(t)$, $(i = 1, 2)$ als gegeben angenommen. Es ist nun aber klar, daß diese Größen zu bestimmen sind aus den Differentialgleichungen für die Bewegung der Schiffe als schwimmende starre Körper. Diese Differentialgleichungen wollen wir hier aus den allgemeinen Prinzipien der Dynamik starrer Körper ableiten. Hierbei betrachten wir zunächst nur ein einzelnes Schiff, das sich als starrer Körper unter dem Einfluß seines Gewichts Mg, dem Propellerschub $\mathfrak{T}$ und dem auf die Schiffsoberfläche wirkenden Druck $p(x, y, z, t)$ bewegt. Die gegenseitige Beeinflussung der Schiffe ist dabei bereits im Druck $p(x, y, z, t)$ bzw. im hydrodynamischen Druck $P(x, y, z, t)$ berücksichtigt.

Nach dem Schwerpunktsatz der Dynamik starrer Körper bewegt sich der Schwerpunkt eines Körpers wie ein einzelner Massenpunkt, in dem die Gesamtmasse M des Schiffes vereinigt ist und in dem die Resultierende aller äußeren Kräfte angreift. Die zeitliche Änderung des Gesamtimpulses des Körpers ist also gleich der Resultierenden der äußeren Kräfte. Mit den Bezeichnungen von Abschnitt 2 gilt also:

$$M \frac{d}{dt}(s \cdot \mathfrak{e}_{\bar{x}} + \dot{\bar{z}}_c \cdot \mathfrak{e}_{\bar{z}}) = \int_S p\mathfrak{n}\, dS + \mathfrak{T} - Mg\,\mathfrak{e}_{\bar{z}}. \tag{8.1}$$

Mit $\mathfrak{n}$ haben wir hier den in das Schiffsinnere weisenden Normalenvektor bezeichnet. Aus (2.6) entnehmen wir nun

$$\frac{d}{dt}\mathfrak{e}_{\bar{x}} = -\dot{\alpha} \cdot \{\mathfrak{e}_x \cdot \sin\alpha + \mathfrak{e}_y \cdot \cos\alpha\} = -\dot{\alpha}\,\mathfrak{e}_y = -\omega \cdot \mathfrak{e}_{\bar{y}}, \tag{8.2}$$

[nach (2.4)]

$$\frac{d}{dt}\mathfrak{e}_{\bar{y}} = \dot{\alpha}\{\mathfrak{e}_x \cdot \cos\alpha - \mathfrak{e}_y \cdot \sin\alpha\} = \dot{\alpha}\,\mathfrak{e}_{\bar{x}} = \omega \cdot \mathfrak{e}_{\bar{x}},$$

$$\frac{d}{dt}\mathfrak{e}_{\bar{z}} = \frac{d}{dt}\mathfrak{e}_z = 0, \tag{8.3}$$

denn die ortsfesten Einheitsvektoren $\mathfrak{e}_x$, $\mathfrak{e}_y$, $\mathfrak{e}_z$ hängen nicht von der Zeit t ab. Mit (8.2), (8.3) können wir also (8.1) in der Form

$$M \cdot \dot{s} \cdot \mathfrak{e}_{\bar{x}} - M \cdot s \cdot \omega \cdot \mathfrak{e}_{\bar{y}} + M \cdot \ddot{\bar{z}}_c \cdot \mathfrak{e}_{\bar{z}} = \int_S p\mathfrak{n}\, dS + \mathfrak{T} - Mg \cdot \mathfrak{e}_{\bar{z}} \tag{8.4}$$

schreiben.

Den Druck p können wir hierin als durch die BERNOULLI-Gleichung (1.5) definiert auffassen.

Eine weitere Vektorgleichung ergibt der Drehimpulssatz der Dynamik starrer Körper, nach dem die zeitliche Änderung des Impulsmomentes des Körpers gleich ist dem resultierenden Moment der äußeren Kräfte. Bezogen auf den Schwerpunkt des Schiffes gilt also

$$\frac{d}{dt}\int_M (\mathfrak{r} - \mathfrak{r}_c) \times (\dot{\mathfrak{r}} - \dot{\mathfrak{r}}_c)\, dm = \int_S p(\mathfrak{r} - \mathfrak{r}_c) \times \mathfrak{n}\, dS + (\mathfrak{r}_{\mathfrak{T}} - \mathfrak{r}_c) \times \mathfrak{T}. \tag{8.5}$$

Mit $\mathfrak{r} = (x, y, z)$ haben wir hier den Ortsvektor zum Massenelement dm, bezogen auf das ortsfeste Koordinatensystem, bezeichnet. Entsprechend ist $\mathfrak{r}_c$ der Ortsvektor zum Schiffsschwerpunkt und $\mathfrak{r}_{\mathfrak{T}}$ der Ortsvektor zum Angriffspunkt des Propellerschubs $\mathfrak{T}$, alles bezogen auf das ortsfeste Koordinatensystem. Mit $\mathfrak{a} \times \mathfrak{b}$ wird das Vektorprodukt der Vektoren $\mathfrak{a}$ und $\mathfrak{b}$ bezeichnet. Führen wir den Ortsvektor

$$\bar{\mathfrak{r}}' = (\bar{x}', \bar{y}', \bar{z}') = \bar{x}' \mathfrak{e}_{\bar{x}'} + \bar{y}' \mathfrak{e}_{\bar{y}'} + \bar{z}' \mathfrak{e}_{\bar{z}'} \tag{8.6}$$

zu einem Punkt des Schiffes, bezogen auf das mitgeführte $\bar{x}'$–$\bar{y}'$–$\bar{z}'$-Koordinatensystem, ein, so ist

$$\bar{\mathfrak{q}} = \bar{\mathfrak{r}}' - \bar{z}_c' \cdot \mathfrak{e}_{\bar{z}'} \tag{8.7}$$

der Ortsvektor vom Schwerpunkt zu irgendeinem anderen Punkt des Schiffes.

Da sich die Bewegung eines starren Körpers zerlegen läßt in eine reine Translationsbewegung eines körperfesten Punktes, z. B. des Schwerpunktes und eine Drehung um eine durch diesen Punkt gehende Achse, so gilt für die Bewegung unseres Schiffes

$$\dot{\mathfrak{r}} = \dot{\mathfrak{r}}_c' - (\vec{\omega} + \dot{\vec{\vartheta}}) \times \bar{\mathfrak{q}}, \qquad \vec{\omega} = \omega \cdot \mathfrak{e}_z. \tag{8.8}$$

Denn $-(\vec{\omega} + \dot{\vec{\vartheta}})$, wo $\vec{\vartheta}$ der Vektor (2.30a) ist, ist der Vektor der Winkelgeschwindigkeit unseres Schiffes. Beziehen wir die Gleichung (8.5) auf das mitgeführte $\bar{x}'$–$\bar{y}'$–$\bar{z}'$-Koordinatensystem, so erhalten wir mittels (8.7) und (8.8)

$$\begin{aligned} -\frac{d}{dt}\int_M (\bar{\mathfrak{r}}' - \bar{z}_c' \cdot \mathfrak{e}_{\bar{z}'}) \times [(\vec{\omega} + \dot{\vec{\vartheta}}) \times (\bar{\mathfrak{r}}' - \bar{z}_c' \cdot \mathfrak{e}_{\bar{z}'})]\, dm \\ = \int_S p(\bar{\mathfrak{r}}' - \bar{z}_c' \cdot \mathfrak{e}_{\bar{z}'}) \times \mathfrak{n}\, dS + (\mathfrak{r}_{\mathfrak{T}} - \mathfrak{r}_c) \times \mathfrak{T}. \end{aligned} \tag{8.9}$$

Nunmehr wollen wir die Gln. (8.4) und (8.9) in Potenzreihen nach dem Parameter ε entwickeln.

Die Entwicklungen für die Terme in (8.4), über die nicht integriert wird, können nun leicht angegeben werden, wenn die Entwicklungen für die Masse M und den Propellerschub $\mathfrak{T}$ gegeben sind. Da das Volumen des Schiffes von der Ordnung ε ist, hat man auch die Masse M des Schiffes als von der Ordnung ε anzunehmen:

$$M = \varepsilon \cdot M_1. \tag{8.10}$$

Da der Propellerschub $\mathfrak{T}$ in Richtung der $\bar{x}'$-Achse wirkt und uns hier nur Bewegungen des Schiffes interessieren, die relativ zu einer gleichförmigen Translationsbewegung in x-Richtung klein sind, können wir die Beschleunigung des Schiffes in $\bar{x}'$-Richtung als von erster Ordnung in ε annehmen. Wegen (8.10) wird damit

$$\mathfrak{T} = \varepsilon^2 \cdot T \cdot e_{\bar{x}'}. \tag{8.11}$$

Nach (2.37) erhalten wir hieraus im $\bar{x}$–$\bar{y}$–$\bar{z}$-Koordinatensystem

$$\mathfrak{T} = \varepsilon^2 \cdot T \cdot e_{\bar{x}} + e_{\bar{y}}\, 0(\varepsilon^3) + e_{\bar{z}}\, 0(\varepsilon^3). \tag{8.12}$$

Setzen wir (8.10), (8.12) und die Entwicklungen (2.21), (2.22), (2.34) in (8.4) ein, so erhalten wir:

$$\begin{aligned} &e_{\bar{x}} \cdot [\varepsilon M_1 \dot{s}_0 + \varepsilon^2 M_1 \dot{s}_1 + 0(\varepsilon^3)] - e_{\bar{y}}[\varepsilon M_1 s_0 \omega_0 + \varepsilon^2 M_1 (s_0 \omega_1 + s_1 \omega_0) + 0(\varepsilon^3)] \\ &\quad + e_{\bar{z}}[\varepsilon^2 M_1 \ddot{z}_1 + 0(\varepsilon^3)] = \int_S p\mathfrak{n}\, dS + \varepsilon^2 T e_{\bar{x}} - \varepsilon M_1 g e_{\bar{z}} + e_{\bar{y}}\, 0(\varepsilon^3) + e_{\bar{z}}\, 0(\varepsilon^3). \end{aligned} \tag{8.13}$$

Berücksichtigt man noch, daß nach (3.13) $\omega_0 = 0$ ist, so folgt aus (8.13)

$$\begin{aligned} &e_{\bar{x}}[\varepsilon M_1 \dot{s}_0 + \varepsilon^2 M_1 \dot{s}_1 + 0(\varepsilon^3)] - e_{\bar{y}}[\varepsilon^2 M_1 s_0 \omega_1 + 0(\varepsilon^3)] \\ &\quad + e_{\bar{z}}[\varepsilon^2 M_1 \ddot{z}_1 + 0(\varepsilon^3)] = \int_S p\mathfrak{n}\, dS + \varepsilon^2 T e_{\bar{x}} - \varepsilon M_1 g e_{\bar{z}} \\ &\qquad + e_{\bar{y}}\, 0(\varepsilon^3) + e_{\bar{z}}\, 0(\varepsilon^3). \end{aligned} \tag{8.14}$$

Nunmehr gehen wir über zur Entwicklung der Gleichung (8.9) nach Potenzen von ε. Nehmen wir an, daß der Propellerschub $\mathfrak{T}$ in einem Punkte der $\bar{x}'$–$\bar{z}'$-Ebene angreift, dessen vertikaler Abstand vom Schwerpunkt $-l$ ist, so gilt:

$$\begin{aligned} (\mathfrak{r}_{\mathfrak{T}} - \mathfrak{r}_c) \times \mathfrak{T} &= -l e_{\bar{z}'} \times \mathfrak{T} \\ &= -l\{-\varepsilon\theta_{21} e_{\bar{x}} + \varepsilon\theta_{11} e_{\bar{y}} + e_{\bar{z}}\} \times \{\varepsilon^2 T e_{\bar{x}} + e_{\bar{y}}\, 0(\varepsilon^3) + e_{\bar{z}}\, 0(\varepsilon^3)\} \\ &= -\varepsilon^2 l T e_{\bar{y}} + e_{\bar{x}}\, 0(\varepsilon^3) + e_{\bar{z}}\, 0(\varepsilon^3). \end{aligned} \tag{8.15}$$

Die linke Seite von (8.9) stellt nun die zeitliche Änderung des Impulsmomentes dar. Da wegen (3.18), (2.22) und (2.33) $\vec{\omega} + \vec{\vartheta}$ von erster Ordnung in ε ist und die Masse des Schiffes ebenfalls von erster Ordnung in ε ist, ist diese Größe mindestens von zweiter Ordnung in ε. Bezeichnen wir die Impulsmomente des Schiffes bezüglich der Achsen $\tilde{x}'$, $\tilde{y}'$, $\tilde{z}'$ mit H_1, H_2, H_3, wobei die $\tilde{x}'$, $\tilde{y}'$, $\tilde{z}'$-Achsen durch den Schwerpunkt des Schiffes verlaufen und parallel zur $\bar{x}'$, $\bar{y}'$, $\bar{z}'$-Achse sein sollen, so bestehen zwischen den Komponenten des Impulsmomentes $\mathfrak{H} = (H_1, H_2, H_3)$ und den Komponenten des Vektors der Winkelgeschwindigkeit $-(\vec{\omega} + \vec{\vartheta}) = -(\dot{\theta}_1, \dot{\theta}_2, \dot{\theta}_3 + \omega)$, da diese hier als klein vorausgesetzt werden, die Relationen:

$$\begin{aligned} -H_1 &= I_1 \dot{\theta}_1 - I_{13}(\dot{\theta}_3 + \omega) \\ -H_2 &= I_2 \dot{\theta}_2 \\ -H_3 &= -I_{13}\dot{\theta}_1 + I_3(\dot{\theta}_3 + \omega). \end{aligned} \tag{8.16}$$

Dabei haben wir mit $I_i (i = 1, 2, 3)$ die Trägheitsmomente und mit $I_{ik} (i \neq k; i, k = 1, 2, 3)$ die Deviationsmomente des Schiffes bezeichnet und berücksichtigt, daß wegen der Symmetrie der Schiffsoberfläche (für die Massenverteilung werde dieselbe Symmetrie angenommen wie für die Schiffsoberfläche) $I_{12} = I_{23} = 0$ ist. Die Trägheitsmomente sind nun bei der von uns betrachteten Schiffsform von der Ordnung ε:

$$I_i = \varepsilon I_{i1} \qquad (i = 1, 2, 3). \tag{8.17}$$

Das Deviationsmoment I_{13} ist ebenfalls von der Ordnung ε.
Setzen wir die Entwicklungen für $I_i (i = 1, 2, 3)$ und I_{13} in (8.16) ein und sodann (8.16) und (8.15) in (8.9), so erhalten wir unter Berücksichtigung von (8.2), (8.3) und (2.22) mit $\omega_0 = 0$:

$$\begin{aligned} &\mathfrak{e}_{\bar{x}}[0(\varepsilon^2)] - \mathfrak{e}_{\bar{y}}[\varepsilon^2 I_{21} \ddot{\theta}_{21} + 0(\varepsilon^3)] + \mathfrak{e}_{\bar{z}}[0(\varepsilon^2)] \\ &= \int_S p(\bar{\mathfrak{r}} - \bar{z}_c \cdot \mathfrak{e}_{\bar{z}}) \times \mathfrak{n} \, dS - \varepsilon^2 l T \mathfrak{e}_{\bar{y}}. \end{aligned} \tag{8.18}$$

Wie wir sogleich sehen werden, besitzt das Oberflächenintegral in (8.18) eine Entwicklung nach Potenzen von ε, die bezüglich der $\mathfrak{e}_{\bar{x}}$- und $\mathfrak{e}_{\bar{z}}$-Komponente mit linearen Gliedern in ε beginnt, so daß die entsprechenden Glieder zweiter Ordnung in (8.18) nicht näher angegeben zu werden brauchen.
Nunmehr gehen wir über zur Entwicklung der in (8.14) und (8.18) auftretenden Oberflächenintegrale nach Potenzen von ε.
Als Gleichung der Schiffsoberfläche haben wir nach (3.1) im schiffsfesten $\bar{x}'$–$\bar{y}'$–$\bar{z}'$-Koordinatensystem

$$\bar{y}' \mp \varepsilon h(\bar{x}', \bar{z}') = 0 \qquad \bar{x}', \bar{z}' \text{ in } \bar{A}'_{\pm}. \tag{8.19}$$

Wir beginnen mit der Entwicklung des Druckintegrals in (8.14), wobei wir allerdings den Druck p durch den hydrodynamischen Druck P gemäß (1.14) ersetzen. Es gilt also

$$\int_S p \mathfrak{n} \, dS = -\rho g \int_S z \cdot \mathfrak{n} \, dS + \rho \int_S P \mathfrak{n} \, dS. \tag{8.20}$$

Die Oberfläche S, über die hier zu integrieren ist, ist die vom Wasser benetzte Oberfläche des Schiffes. Zunächst betrachten wir den ersten Term $-\rho g \int_S z \cdot \mathfrak{n} \, dS$.
Transformieren wir dieses Integral mittels (2.39) auf das schiffsfeste $\bar{x}'$–$\bar{y}'$–$\bar{z}'$-Koordinatensystem, so wird

$$-\rho g \int_S \bar{z} \mathfrak{n} \, dS = -\rho g \int_S [\bar{z}' + \varepsilon z_1 + \varepsilon \theta_{21} \bar{x}' - \varepsilon \theta_{11} \bar{y}' + \cdots] \mathfrak{n} \, dS. \tag{8.21}$$

Die nicht hingeschriebenen Glieder sind von höherer als erster Ordnung, und rechts ist die Integration über die benetzte Oberfläche im schiffsfesten Koordinatensystem zu erstrecken. Es ist nun zweckmäßig, das Integral rechts in (8.21) zu zerlegen in die Integrale über die beiden Seiten der Schiffsoberfläche:

$$- \rho g \int_{\bar{S}} z \mathfrak{n} dS \tag{8.22}$$

$$= - \rho g \int_{A_1} [\bar{z}' + \varepsilon z_1 + \varepsilon \theta_{21} \bar{x}' - \varepsilon \theta_{11} \bar{y}' + \cdots] [\varepsilon h_{\bar{x}'} e_{\bar{x}'} - e_{\bar{y}'} + \varepsilon h_{\bar{z}'} e_{\bar{z}'}] d\bar{x}' d\bar{z}'$$

$$- g \rho \int_{A_2} [\bar{z}' + \varepsilon z_1 + \varepsilon \theta_{21} \bar{x}' - \varepsilon \theta_{11} \bar{y}' + \cdots] [\varepsilon h_{\bar{x}'} e_{\bar{x}'} + e_{\bar{y}'} + \varepsilon h_{\bar{z}'} e_{\bar{z}'}] d\bar{x}' d\bar{z}' .$$

Den Normaleneinheitsvektor $\mathfrak{n}$ haben wir dabei mittels (8.19) im $\bar{x}'$–$\bar{y}'$–$\bar{z}'$-Koordinatensystem dargestellt. In (8.22) ist A_1 die Projektion des vom Wasser benetzten Teiles der Fläche $\bar{y}' = + \varepsilon h(\bar{x}', \bar{z}')$ auf die $\bar{x}'$–$\bar{z}'$-Ebene und entsprechend A_2 die Projektion des vom Wasser benetzten Teiles der Fläche $\bar{y}' = - \varepsilon h(\bar{x}', \bar{z}')$ auf die $\bar{x}'$–$\bar{z}'$-Ebene. Nun unterscheidet sich wegen (1.12), (1.25) die freie Wasseroberfläche von der x–y-Ebene nur um Größen, die in ε von erster Ordnung sind. Denn es gilt

$$z = \zeta(x, y, t; \varepsilon) = \varepsilon \zeta_1(x, y, t) + \varepsilon^2 \zeta_2(x, y, t) + \cdots. \tag{8.23}$$

Setzt man in (8.23) die Transformationsformeln (2.39) ein, so ergibt sich als Gleichung für die freie Wasseroberfläche im schiffsfesten $\bar{x}'$–$\bar{y}'$–$\bar{z}'$-Koordinatensystem, wenn man noch nach Potenzen von ε entwickelt:

$$\bar{z}' = \varepsilon [\zeta_1(\bar{x}' \cos \alpha_0 + \bar{y}' \sin \alpha_0, - \bar{x}' \sin \alpha_0 + \bar{y}' \cos \alpha_0, t)$$

$$- z_1 - \theta_{21} \bar{x}' + \theta_{11} \bar{y}'] + \cdots. \tag{8.24}$$

Aus (8.24) entnimmt man: Die freie Oberfläche unterscheidet sich von der $\bar{x}'$–$\bar{y}'$-Ebene nur um Größen, die in ε von erster Ordnung sind. Jetzt betrachten wir den Teil der durch (8.19) gegebenen Schiffsoberfläche, der unterhalb der $\bar{x}'$–$\bar{y}'$-Ebene liegt, und nennen seine Projektion auf die $\bar{x}'$–$\bar{z}'$-Ebene $\bar{A}'$. In Abb. 13 ist dieser Bereich schraffiert. Es ist nun nach dem vorigen ohne weiteres klar, daß in den Punkten von A_1 und A_2, die nicht gleichzeitig auch zu $\bar{A}'$ gehören, die Größe $\bar{z}'$ von der Ordnung ε ist. Weiter sind nach dem vorigen aber auch die Bereiche A_1–$\bar{A}'$ und A_2–$\bar{A}'$ von der Ordnung ε. Somit folgt, daß wir die Gleichung (8.22) ersetzen können durch:

$$- \rho g \int_{\bar{S}} z \mathfrak{n} dS = - \rho g \int_{\bar{A}'} [\bar{z}' + \varepsilon z_1 + \varepsilon \theta_{21} \bar{x}'] \cdot [\varepsilon h_{\bar{x}'} e_{\bar{x}'} - e_{\bar{y}'} + \varepsilon h_{\bar{z}'} e_{\bar{z}'}] d\bar{x}' d\bar{z}'$$

$$- \rho g \int_{\bar{A}'} [\bar{z}' + \varepsilon z_1 + \varepsilon \theta_{21} \bar{x}'] \cdot [\varepsilon h_{\bar{x}'} e_{\bar{x}'} + e_{\bar{y}'} + \varepsilon h_{\bar{z}'} e_{\bar{z}'}] d\bar{x}' d\bar{z}'$$

$$+ e_{\bar{x}'} O(\varepsilon^3) + e_{\bar{y}'} O(\varepsilon^2) + e_{\bar{z}'} O(\varepsilon^3)$$

$$= - 2 \rho g \int_{\bar{A}'} [\bar{z}' + \varepsilon z_1 + \varepsilon \theta_{21} \bar{x}'] \cdot [\varepsilon h_{\bar{x}'} e_{\bar{x}'} + \varepsilon h_{\bar{z}'} e_{\bar{z}'}] d\bar{x}' d\bar{z}'$$

$$+ e_{\bar{x}'} O(\varepsilon^3) + e_{\bar{y}'} O(\varepsilon^2) + e_{\bar{z}'} O(\varepsilon^3). \tag{8.25}$$

Das letzte Integral können wir noch umformen mit Hilfe der folgenden durch partielle Integration zu erhaltenden Relationen. Da nämlich wegen der Symmetrie und der Stetigkeit der Schiffsoberfläche $h = 0$ ist für alle Randpunkte von $\bar{A}'$ mit $\bar{z}' < 0$, gelten die Relationen:

$$\int_{\bar{A}'} h_{\bar{x}'} d\bar{x}' d\bar{z}' = 0, \qquad \int_{\bar{A}'} h_{\bar{z}'} d\bar{x}' d\bar{z}' = \int_{\bar{L}'} h d\bar{x}',$$
$$\int_{\bar{A}'} \bar{z}' h_{\bar{x}'} d\bar{x}' d\bar{z}' = 0, \qquad \int_{\bar{A}'} \bar{z}' h_{\bar{z}'} d\bar{x}' d\bar{z}' = -\int_{\bar{A}'} h d\bar{x}' d\bar{z}', \tag{8.26}$$
$$\int_{\bar{A}'} \bar{x}' h_{\bar{x}'} d\bar{x}' d\bar{z}' = -\int_{\bar{A}'} h d\bar{x}' d\bar{z}', \qquad \int_{\bar{A}'} \bar{x}' h_{\bar{z}'} d\bar{x}' d\bar{z}' = \int_{\bar{L}'} \bar{x}' h d\bar{x}'.$$

Die Kurvenintegrale sind dabei über den Rand $\bar{L}'$ von $\bar{A}'$ zu erstrecken, der in der $\bar{x}'$-Achse liegt. Berücksichtigen wir dies, so erhalten wir aus (8.25)

$$\begin{aligned} -\rho g \int_S z \mathfrak{n} dS = {} & \mathfrak{e}_{\bar{x}'}[\varepsilon^2 2 \rho g \theta_{21} \int_{\bar{A}'} h d\bar{x}' d\bar{z}' + 0(\varepsilon^3)] + \mathfrak{e}_{\bar{y}'} 0(\varepsilon^2) \\ & + \mathfrak{e}_{\bar{z}'}[\varepsilon 2 \rho g \int_{\bar{A}'} h d\bar{x}' d\bar{z}' - \varepsilon^2 2 \rho g z_1 \int_{\bar{L}'} h d\bar{x}' - \varepsilon^2 2 \rho g \theta_{21} \int_{\bar{L}'} \bar{x}' h d\bar{x}' \\ & + 0(\varepsilon^3)]. \end{aligned} \tag{8.27}$$

Gehen wir in (8.27) noch mittels (2.37) zum $\bar{x}$–$\bar{y}$–$\bar{z}$-Koordinatensystem über, so wird

$$\begin{aligned} -2 \rho g \int_S z \mathfrak{n} dS = {} & \mathfrak{e}_{\bar{x}} 0(\varepsilon^3) + \mathfrak{e}_{\bar{y}} 0(\varepsilon^2) \\ & + \mathfrak{e}_{\bar{z}}[\varepsilon 2 \rho g \int_{\bar{A}'} h d\bar{x} d\bar{z} - \varepsilon^2 2 \rho g \int_{\bar{L}'} (z_1 + \theta_{21}\bar{x}) h d\bar{x} + 0(\varepsilon^3)]. \end{aligned} \tag{8.28}$$

Hierbei haben wir noch berücksichtigt, daß wir die im Zusammenhang mit unserem Bewegungsvorgang auftretenden Größen um die ungestörte Gleichgewichtslage ($\varepsilon = 0$) entwickelt haben, die Koeffizienten dieser Entwicklungen also jeweils für $\varepsilon = 0$ zu nehmen sind. Für $\varepsilon = 0$, d. h. in der ungestörten Gleichgewichtslage, stimmt aber das $\bar{x}'$–$\bar{y}'$–$\bar{z}'$-Koordinatensystem mit dem $\bar{x}$–$\bar{y}$–$\bar{z}$-Koordinatensystem überein, und mithin konnten wir in (8.28) die Integrationsvariablen $\bar{x}'$, $\bar{z}'$ durch $\bar{x}$, $\bar{z}$ ersetzen.

Jetzt gehen wir über zur Entwicklung des zweiten Integrals rechts in (8.20) in eine Potenzreihe nach ε. Die einzelnen Schritte können hier ähnlich durchgeführt werden wie vorhin, weshalb wir uns jetzt kürzer fassen wollen. Unter Berücksichtigung von (2.10), (2.12), (2.14), (8.19) und (2.37) ergibt sich:

$$\begin{aligned} \rho \int_S P \mathfrak{n} dS = {} & \rho \int_{\bar{S}} \bar{P} \mathfrak{n} dS = \rho \int_{A_1} \varepsilon \bar{P}_1(\bar{x}', 0^+, \bar{z}', t) [\varepsilon h_{\bar{x}'} \mathfrak{e}_{\bar{x}'} - \mathfrak{e}_{\bar{y}'} + \varepsilon h_{\bar{z}'} \mathfrak{e}_{\bar{z}'}] d\bar{x}' d\bar{z}' \\ & + \rho \int_{A_2} \varepsilon \bar{P}_1(\bar{x}', 0^-, \bar{z}', t) [\varepsilon h_{\bar{x}'} \mathfrak{e}_{\bar{x}'} + \mathfrak{e}_{\bar{y}'} + \varepsilon h_{\bar{z}'} \mathfrak{e}_{\bar{z}'}] d\bar{x}' d\bar{z}' \\ & + \mathfrak{e}_{\bar{x}'} 0(\varepsilon^3) + \mathfrak{e}_{\bar{y}'} 0(\varepsilon^2) + \mathfrak{e}_{\bar{z}'} 0(\varepsilon^3) \\ = {} & \mathfrak{e}_{\bar{x}'}[\varepsilon^2 \rho \int_{\bar{A}'} (\bar{P}_1^+ + \bar{P}_1^-) h_{\bar{x}'} d\bar{x}' d\bar{z}' + 0(\varepsilon^3)] \\ & - \mathfrak{e}_{\bar{y}'}[\varepsilon \rho \int_{\bar{A}'} (\bar{P}_1^+ - \bar{P}_1^-) d\bar{x}' d\bar{z}' + 0(\varepsilon^2)] \\ & + \mathfrak{e}_{\bar{z}'}[\varepsilon^2 \rho \int_{\bar{A}'} (\bar{P}_1^+ + \bar{P}_1^-) h_{\bar{z}'} d\bar{x}' d\bar{z}' + 0(\varepsilon^3)] \\ = {} & \mathfrak{e}_{\bar{x}} \{\varepsilon^2 \rho \int_{\bar{A}'} [(h_{\bar{x}} - \theta_{31}) \bar{P}_1^+ + (h_{\bar{x}} + \theta_{31}) \bar{P}_1^-] d\bar{x} d\bar{z} + 0(\varepsilon^3)\} \\ & - \mathfrak{e}_{\bar{y}} \{\varepsilon \rho \int_{\bar{A}'} (\bar{P}_1^+ - \bar{P}_1^-) d\bar{x} d\bar{z} + 0(\varepsilon^2)\} \\ & + \mathfrak{e}_{\bar{z}} \{\varepsilon^2 \rho \int_{\bar{A}'} [(h_{\bar{z}} + \theta_{11}) \bar{P}_1^+ + (h_{\bar{z}} - \theta_{11}) \bar{P}_1^-] d\bar{x} d\bar{z} + 0(\varepsilon^3)\}. \end{aligned} \tag{8.29}$$

Dabei haben wir mit $\overline{P}_1^+$ bzw. $\overline{P}_1^-$ den Grenzwert des dynamischen Drucks $\overline{P}_1$ auf den Seiten $\overline{A}'_+$ bzw. $\overline{A}'_-$ von $\overline{A}'$ bezeichnet. Dies ist hier erforderlich, da der hydrodynamische Druck P_1 im allgemeinen beim Durchgang durch das Flächenstück $\overline{A}'$ nicht stetig sein wird.

Setzen wir die Entwicklungen (8.28) und (8.29) in (8.14) ein und vergleichen die Koeffizienten gleicher Potenzen von ε, so erhalten wir der Reihe nach die Vektorgleichungen:

$$\varepsilon : \mathfrak{e}_{\overline{x}}[M_1 \dot{s}_0] + \mathfrak{e}_{\overline{y}}[\rho \int_{\overline{A}'} (\overline{P}_1^+ - \overline{P}_1^-)\, d\overline{x}\, d\overline{z}] + \mathfrak{e}_{\overline{z}}[M_1 g - 2\rho g \int_{\overline{A}'} h\, d\overline{x}\, d\overline{z}] = 0,$$

$$\begin{aligned}\varepsilon^2 : \mathfrak{e}_{\overline{x}}&[M_1 \dot{s}_1 - T - \rho \int_{\overline{A}'} [(h_{\overline{x}} - \theta_{31})\, \overline{P}_1^+ + (h_{\overline{x}} + \theta_{31})\, \overline{P}_1^-]\, d\overline{x}\, d\overline{z}] \\ &- \mathfrak{e}_{\overline{y}}[M_1 s_0 \omega_1 + \cdots] + \mathfrak{e}_{\overline{z}}[M_1 \ddot{z}_1 + 2\rho g \int_{\overline{L}'} (z_1 + \theta_{21}\overline{x})\, h\, d\overline{x} \\ &- \rho \int_{\overline{A}'} [(h_{\overline{z}} + \theta_{11})\, \overline{P}_1^+ + (h_{\overline{z}} - \theta_{11})\, \overline{P}_1^-]\, d\overline{x}\, d\overline{z}] = 0.\end{aligned}$$

Daraus folgen die skalaren Gleichungen:

$$\dot{s}_0 = 0, \tag{8.30}$$

$$\int_{\overline{A}'} (\overline{P}_1^+ - \overline{P}_1^-)\, d\overline{x}\, d\overline{z} = 0, \tag{8.31}$$

$$M_1 g - 2\rho g \int_{\overline{A}'} h\, d\overline{x}\, d\overline{z} = 0, \tag{8.32}$$

$$M_1 \dot{s}_1 = \rho \int_{\overline{A}'} (\overline{P}_1^+ + \overline{P}_1^-)\, h_{\overline{x}}\, d\overline{x}\, d\overline{z} + T, \tag{8.33}$$

$$M_1 \ddot{z}_1 = -2\rho g \int_{\overline{L}'} (z_1 + \theta_{21}\overline{x})\, h\, d\overline{x} + \rho \int_{\overline{A}'} (\overline{P}_1^+ + \overline{P}_1^-)\, h_{\overline{z}}\, d\overline{x}\, d\overline{z}. \tag{8.34}$$

Bei (8.33) und (8.34) haben wir (8.31) bereits berücksichtigt. Nunmehr gehen wir über zur Entwicklung des Oberflächenintegrals in der Momentengleichung (8.18) nach Potenzen von ε. Führen wir wieder an Stelle des Druckes p den hydrodynamischen Druck P gemäß (1.14) ein, so wird:

$$\begin{aligned}\int_S p(\overline{\mathfrak{r}} - \overline{z}_c \mathfrak{e}_{\overline{z}}) \times \mathfrak{n}\, dS &= -\rho g \int_S z(\overline{\mathfrak{r}} - \overline{z}_c \mathfrak{e}_{\overline{z}}) \times \mathfrak{n}\, dS + \rho \int_S P(\overline{\mathfrak{r}} - \overline{z}_c \mathfrak{e}_{\overline{z}}) \times \mathfrak{n}\, dS \\ &= -\rho g \int_S \overline{z}(\overline{\mathfrak{r}} - \overline{z}_c \mathfrak{e}_{\overline{z}}) \times \mathfrak{n}\, dS + \rho \int_S \overline{P}(\overline{\mathfrak{r}} - \overline{z}_c \mathfrak{e}_{\overline{z}}) \times \mathfrak{n}\, dS.\end{aligned} \tag{8.35}$$

Nun gilt nach (2.36), (2.37), (8.6) und (8.19):

$$\begin{aligned}&-\rho g \int_S \overline{z}(\overline{\mathfrak{r}} - \overline{z}_c \mathfrak{e}_{\overline{z}}) \times \mathfrak{n}\, dS \\ &= -\rho g \int_{A_1} (\overline{z}' + \varepsilon z_1 + \varepsilon\theta_{21}\overline{x}' - \varepsilon\theta_{11}\overline{y}' + \cdots)\, [\overline{x}' \mathfrak{e}_{\overline{x}'} + \overline{y}' \mathfrak{e}_{\overline{y}'} + (\overline{z}' - \overline{z}'_c)\, \mathfrak{e}_{\overline{z}'} + \cdots] \\ &\times [\varepsilon h_{\overline{x}'} \mathfrak{e}_{\overline{x}'} - \mathfrak{e}_{\overline{y}'} + \varepsilon h_{\overline{z}'} \mathfrak{e}_{\overline{z}'}]\, d\overline{x}'\, d\overline{z}' \\ &- \rho g \int_{A_2} (\overline{z}' + \varepsilon z_1 + \varepsilon\theta_{21}\overline{x}' - \varepsilon\theta_{11}\overline{y}' + \cdots)\, [\overline{x}' \mathfrak{e}_{\overline{x}'} + \overline{y}' \mathfrak{e}_{\overline{y}'} + (\overline{z}' - \overline{z}'_c)\, \mathfrak{e}_{\overline{z}'} + \cdots]\end{aligned}$$

$$\times\ [\varepsilon h_{\bar{x}'} e_{\bar{x}'} + e_{\bar{y}'} + \varepsilon h_{\bar{z}'} e_{\bar{z}'}]\, d\bar{x}'\, d\bar{z}'$$
$$= -2\,\rho g \int_{\bar{A}'} (\bar{z}' + \varepsilon z_1 + \varepsilon\theta_{21}\bar{x}' - \varepsilon\theta_{11}\bar{y}')\, [\bar{x}' e_{\bar{x}'} + \bar{y}' e_{\bar{y}'} + (\bar{z}' - \bar{z}_c')\, e_{\bar{z}'} + \cdots]$$
$$\times\ [\varepsilon h_{\bar{x}'} e_{\bar{x}'} + \varepsilon h_{\bar{z}'} e_{\bar{z}'}]\, d\bar{x}'\, d\bar{z}' + e_{\bar{x}'}\, 0(\varepsilon^2) + e_{\bar{y}'}\, 0(\varepsilon^3) + e_{\bar{z}'}\, 0(\varepsilon^2)$$
$$= -2\,\rho g \int_{\bar{A}'} (\bar{z}' + \varepsilon z_1 + \varepsilon\theta_{21}\bar{x}')\, [\bar{x}' e_{\bar{x}'} + (\bar{z}' - \bar{z}_c')\, e_{\bar{z}'}] \times [\varepsilon h_{\bar{x}'} e_{\bar{x}'} + \varepsilon h_{\bar{z}'} e_{\bar{z}'}]\, d\bar{x}'\, d\bar{z}'$$
$$+ e_{\bar{x}'}\, 0(\varepsilon^2) + e_{\bar{y}'}\, 0(\varepsilon^3) + e_{\bar{z}'}\, 0(\varepsilon^2)$$
$$= e_{\bar{y}'}\, [2\,\rho g \int_{\bar{A}'} \varepsilon\bar{x}' h_{\bar{z}'} (\bar{z}' + \varepsilon z_1 + \varepsilon\theta_{21}\bar{x}')\, d\bar{x}'\, d\bar{z}'$$
$$-2\,\rho g \int_{\bar{A}'} \varepsilon(\bar{z}' - \bar{z}_c')\, h_{\bar{x}'} (\bar{z}' + \varepsilon z_1 + \varepsilon\theta_{21}\bar{x}')\, d\bar{x}'\, d\bar{z}' + 0(\varepsilon^3)] + e_{\bar{x}'}\, 0(\varepsilon^2) + e_{\bar{z}'}\, 0(\varepsilon^2)$$
$$= e_{\bar{x}}\, 0(\varepsilon^2) + e_{\bar{y}}[-\varepsilon\, 2\,\rho g \int_{\bar{A}'} \bar{x} h\, d\bar{x}\, d\bar{z} + \varepsilon^2\, 2\,\rho g \int_{\bar{L}'} (z_1 + \theta_{21}\bar{x})\, \bar{x} h\, d\bar{x}$$
$$+ \varepsilon^2\, 2\,\rho g \theta_{21} \int_{\bar{A}'} (\bar{z} - \bar{z}_c')\, h\, d\bar{x}\, d\bar{z} + 0(\varepsilon^3)] + e_{\bar{z}}\, 0(\varepsilon^2). \tag{8.36}$$

In ähnlicher Weise finden wir für das zweite Integral rechts in (8.35) die Entwicklung:

$$\rho \int_{S} \bar{P}(\bar{r} - \bar{z}_c e_{\bar{z}}) \times n\, dS = \rho \int_{\bar{A}_1} \varepsilon \bar{P}_1(\bar{x}', 0^+, \bar{z}', t)\, [\bar{x}' e_{\bar{x}'} + \bar{y}' e_{\bar{y}'} + (\bar{z}' - \bar{z}_c')\, e_{\bar{z}'}]$$
$$\times\ [\varepsilon h_{\bar{x}'} e_{\bar{x}'} - e_{\bar{y}'} + \varepsilon h_{\bar{z}'} e_{\bar{z}'}]\, d\bar{x}'\, d\bar{z}'$$
$$+ \rho \int_{\bar{A}_2} \varepsilon \bar{P}_1(\bar{x}', 0^-, \bar{z}', t)\, [\bar{x}' e_{\bar{x}'} + \bar{y}' e_{\bar{y}'} + (\bar{z}' - \bar{z}_c')\, e_{\bar{z}'}]$$
$$\times\ [\varepsilon h_{\bar{x}'} e_{\bar{x}'} + e_{\bar{y}'} + \varepsilon h_{\bar{z}'} e_{\bar{z}'}]\, d\bar{x}'\, d\bar{z}'$$
$$+ e_{\bar{x}'}\, 0(\varepsilon^2) + e_{\bar{y}'}\, 0(\varepsilon^3) + e_{\bar{z}'}\, 0(\varepsilon^2)$$
$$= \rho \int_{\bar{A}'} \varepsilon \bar{P}_1^+ [\bar{x}' e_{\bar{x}'} + (\bar{z}' - \bar{z}_c')\, e_{\bar{z}'}] \times [\varepsilon h_{\bar{x}'} e_{\bar{x}'} - e_{\bar{y}'} + \varepsilon h_{\bar{z}'} e_{\bar{z}'}]\, d\bar{x}'\, d\bar{z}'$$
$$+ \rho \int_{\bar{A}'} \varepsilon \bar{P}_1^- [\bar{x}' e_{\bar{x}'} + (\bar{z}' - \bar{z}_c')\, e_{\bar{z}'}] \times [\varepsilon h_{\bar{x}'} e_{\bar{x}'} + e_{\bar{y}'} + \varepsilon h_{\bar{z}'} e_{\bar{z}'}]\, d\bar{x}'\, d\bar{z}'$$
$$+ e_{\bar{x}'}\, 0(\varepsilon^2) + e_{\bar{y}'}\, 0(\varepsilon^3) + e_{\bar{z}'}\, 0(\varepsilon^2)$$
$$= e_{\bar{x}'}[\varepsilon\rho \int_{\bar{A}'} (\bar{P}_1^+ - \bar{P}_1^-)\, (\bar{z}' - \bar{z}_c')\, d\bar{x}'\, d\bar{z}' + 0(\varepsilon^2)]$$
$$+ e_{\bar{y}'}[-\varepsilon^2\rho \int_{\bar{A}'} (\bar{P}_1^+ + \bar{P}_1^-)\, [\bar{x}' h_{\bar{z}'} - (\bar{z}' - \bar{z}_c')\, h_{\bar{x}'}]\, d\bar{x}'\, d\bar{z}' + 0(\varepsilon^3)]$$
$$+ e_{\bar{z}'}[-\varepsilon\rho \int_{\bar{A}'} (\bar{P}_1^+ - \bar{P}_1^-)\, \bar{x}'\, d\bar{x}'\, d\bar{z}' + 0(\varepsilon^2)]$$
$$= e_{\bar{x}}[\varepsilon\rho \int_{\bar{A}'} (\bar{P}_1^+ - \bar{P}_1^-)\, (\bar{z} - \bar{z}_c')\, d\bar{x}\, d\bar{z} + 0(\varepsilon^2)]$$
$$+ e_{\bar{y}}[-\varepsilon^2\rho \int_{\bar{A}'} (\bar{P}_1^+ + \bar{P}_1^-)\, [\bar{x} h_{\bar{z}} - (\bar{z} - \bar{z}_c')\, h_{\bar{x}}]\, d\bar{x}\, d\bar{z}$$
$$-\varepsilon^2\rho\theta_{31} \int_{\bar{A}'} (\bar{P}_1^+ - \bar{P}_1^-)\, (\bar{z} - \bar{z}_c')\, d\bar{x}\, d\bar{z} - \varepsilon^2\rho\theta_{11} \int_{\bar{A}'} (\bar{P}_1^+ - \bar{P}_1^-)\, \bar{x}\, d\bar{x}\, d\bar{z} + 0(\varepsilon^3)]$$
$$+ e_{\bar{z}}[-\varepsilon\rho \int_{\bar{A}'} (\bar{P}_1^+ - \bar{P}_1^-)\, \bar{x}\, d\bar{x}\, d\bar{z} + 0(\varepsilon^2)]. \tag{8.37}$$

Setzen wir die Entwicklungen (8.36) und (8.37) in (8.18) ein, so erhält man die folgenden Gleichungen:

$$\int_{\bar{A}'} \bar{x}\, h\, d\bar{x}\, d\bar{z} = 0, \tag{8.38}$$

$$\int_{\bar{A}'} (\bar{P}_1^+ - \bar{P}_1^-)\, \bar{z}\, d\bar{x}\, d\bar{z} = 0, \tag{8.39}$$

$$\int_{\bar{A}'} (\bar{P}_1^+ - \bar{P}_1^-)\, \bar{x}\, d\bar{x}\, d\bar{z} = 0, \tag{8.40}$$

$$I_{21}\ddot{\theta}_{21} = -2\,\rho g \int_{\bar{L}'} (z_1 + \theta_{21}\bar{x})\, \bar{x}\, h\, d\bar{x} - 2\,\rho g \theta_{21} \int_{\bar{A}'} (\bar{z} - \bar{z}_c')\, h\, d\bar{x}\, d\bar{z} + \rho \int_{\bar{A}'} (\bar{P}_1^+ + \bar{P}_1^-)\, [\bar{x}\, h_{\bar{z}} - (\bar{z} - \bar{z}_c')\, h_{\bar{x}}]\, d\bar{x}\, d\bar{z} + 1T. \tag{8.41}$$

Bei der Ableitung der Gl. (8.39) haben wir von (8.31), bei der Ableitung von (8.41) von (8.39) und (8.40) Gebrauch gemacht. Damit sind die zur Erfassung unseres Vorganges benötigten dynamischen Gleichungen abgeleitet.

In Abschnitt 9 werden wir besprechen, wie die Gln. (8.30)–(8.34) und (8.38)–(8.41) angewandt werden zur Bestimmung des Begegnungs- oder Überholungsvorganges.

9. Die dynamischen Gleichungen beim Begegnungs- und Überholungsvorgang

Wie bereits zu Beginn von Abschnitt 8 erwähnt, hatten wir bei der Formulierung der Lösung des beim Begegnen oder Überholen von Schiffen auftretenden Randwertproblems zunächst die Größen $s_0^{(i)}$, $\omega_1^{(i)}(t)$, $\theta_{11}^{(i)}(t)$, $\theta_{31}^{(i)}(t)$, $(i = 1, 2)$ als gegeben angenommen. Diese Größen gehen auf Grund der Randbedingungen (4.4)/(4.5) in den gesuchten hydrodynamischen Druck $P_1(x, y, z, t)$ ein. Die in Abschnitt 8 hergeleiteten dynamischen Gleichungen erlauben nun aber, unser Randwertproblem insofern vollständig zu formulieren, als weitere Gleichungen zur Bestimmung der Größen $s_0^{(i)}$, $\omega_1^{(i)}(t)$, $\theta_{11}^{(i)}(t)$, $\theta_{31}^{(i)}(t)$, $(i = 1, 2)$ aufgestellt werden können.

In dem von uns hier betrachteten Fall, daß beide Schiffe vom Michellschen Typ sind, haben wir für jedes einzelne der Schiffe die dynamischen Gln. (8.31) bis (8.34) und (8.39)–(8.41). Dabei resultierten die Gl. (8.31) durch Nullsetzen des Koeffizienten von ε in der Entwicklung der Impulsgleichung bezüglich der $\bar{y}$-Richtung, die Gln. (8.39) bzw. (8.40) durch Nullsetzen des Koeffizienten von ε in der Entwicklung der Impulsmomentengleichung bezüglich der $\bar{x}$- und $\bar{z}$-Richtung. Die Gln. (8.33), (8.34) und (8.41) resultieren durch Nullsetzen des Koeffizienten von ε^2, und zwar (8.33) bzw. (8.34) in der Entwicklung Impulsgleichung bezüglich der $\bar{x}$- bzw. $\bar{z}$-Richtung und (8.41) in der Entwicklung der Impulsmomentengleichung bezüglich der $\bar{y}$-Richtung. Nehmen wir auch hier wieder zunächst $s_0^{(i)}$ $(i = 1, 2)$ als gegeben an, so lautet unter Berücksichtigung der für jedes der Schiffe gültigen dynamischen Gln. (8.30)–(8.41) das vollständige Randwertproblem beim Begegnen oder Überholen von Schiffen vom Michellschen Typ:

Zu bestimmen ist eine den Bedingungen (4.1)–(4.5) sowie gewissen Ausstrahlungsbedingungen genügende Funktion $P_1(x, y, z, t)$, wobei die sechs Größen $\omega_1^{(i)}(t)$, $\theta_{11}^{(i)}(t)$, $\theta_{31}^{(i)}(t)$, $(i = 1, 2)$ aus den sechs Gleichungen

$$\left.\begin{aligned} &\int_{\bar{A}'^{(i)}} (\bar{P}_1^+ - \bar{P}_1^-)\, d\bar{x}^{(i)} d\bar{z}^{(i)} = 0, && (9.1)\\ &\int_{\bar{A}'^{(i)}} (\bar{P}_1^+ - \bar{P}_1^-)\, \bar{x}^{(i)} d\bar{x}^{(i)} d\bar{z}^{(i)} = 0, && (9.2)\\ &\int_{\bar{A}'^{(i)}} (\bar{P}_1^+ - \bar{P}_1^-)\, \bar{z}^{(i)} d\bar{x}^{(i)} d\bar{z}^{(i)} = 0, && (9.3) \end{aligned}\right\} \quad (i = 1, 2)$$

oder den gleichwertigen sechs Gleichungen

$$\left.\begin{aligned} &\int_{\bar{A}'^{(i)}} (\bar{\Psi}^+ - \bar{\Psi}^-)\, d\bar{x}^{(i)} d\bar{z}^{(i)} = 0, && (9.4)\\ &\int_{\bar{A}'^{(i)}} (\bar{\Psi}^+ - \bar{\Psi}^-)\, \bar{x}^{(i)} d\bar{x}^{(i)} d\bar{z}^{(i)} = 0, && (9.5)\\ &\int_{\bar{A}'^{(i)}} (\bar{\Psi}^+ - \bar{\Psi}^-)\, \bar{z}^{(i)} d\bar{x}^{(i)} d\bar{z}^{(i)} = 0, && (9.6) \end{aligned}\right\} \quad (i = 1, 2)$$

unter Berücksichtigung der Anfangsbedingungen

$$\left.\begin{aligned} &\omega_1^{(i)}(-\infty) = 0, \\ &\theta_{11}^{(i)}(-\infty) = \dot\theta_{11}^{(i)}(-\infty) = 0, \\ &\theta_{31}^{(i)}(-\infty) = \dot\theta_{31}^{(i)}(-\infty) = 0, \end{aligned}\right\} \quad (i = 1, 2) \tag{9.7}$$

zu ermitteln sind. ψ ist dabei die Lösung des Randwertproblems (5.6)–(5.10). Mit (9.4)–(9.7) bzw. (9.1)–(9.3) und (9.7) ist damit unser Randwertproblem vollständig formuliert. Berücksichtigen wir noch die Darstellung (5.21) für ψ sowie die Integrodifferentialgleichungen (6.8) und (6.9), so ist die Lösung unseres Randwertproblems auf diejenige eines Integrodifferentialgleichungssystems reduziert.
Zur Bestimmung der übrigen, den dynamischen Zustand unserer Schiffe kennzeichnenden Größen $s_0^{(i)}$, $s_1^{(i)}(t)$, $\theta_{21}^{(i)}(t)$, $z_1^{(i)}(t)$, $(i = 1, 2)$ dienen die Gleichungen

$$\left.\begin{aligned} M_1^{(i)}\dot s_1^{(i)} &= \rho \int_{\bar A'(i)} [\bar P_1^+ + \bar P_1^-]\, h_{\bar x(i)}^{(i)}\, d\bar x^{(i)}\, d\bar z^{(i)} + T_i, && (9.8)\\ M_1^{(i)}\ddot z_1^{(i)} &= -2\rho g \int_{\bar L'(i)} (z_1^{(i)} + \bar x^{(i)}\theta_{21}^{(i)})\, h^{(i)}\, d\bar x^{(i)} \\ &\quad + \rho \int_{\bar A'(i)} [\bar P_1^+ + \bar P_1^-]\, h_{\bar z(i)}^{(i)}\, d\bar x^{(i)}\, d\bar z^{(i)}, && (9.9)\\ I_{21}^{(i)}\ddot\theta_{21}^{(i)} &= -2\rho g\theta_{21}^{(i)} \int_{\bar A'(i)} (\bar z^{(i)} - \bar z_c'^{(i)})\, h^{(i)}\, d\bar x^{(i)}\, d\bar z^{(i)} \\ &\quad - 2\rho g z_1^{(i)} \int_{\bar L'(i)} \bar x^{(i)} h^{(i)}\, d\bar x^{(i)} \\ &\quad - 2\rho g\theta_{21}^{(i)} \int_{\bar L'(i)} (\bar x^{(i)})^2 h^{(i)}\, d\bar x^{(i)} + l^{(i)} T_i \\ &\quad + \rho \int_{\bar A'(i)} [\bar P_1^+ + \bar P_1^-]\, [\bar x^{(i)} h_{\bar z(i)}^{(i)} \\ &\quad - (\bar z^{(i)} - \bar z_c'^{(i)})\, h_{\bar x(i)}^{(i)}]\, d\bar x^{(i)}\, d\bar z^{(i)} && (9.10) \end{aligned}\right\} \quad (i = 1, 2)$$

und gewisse Anfangsbedingungen.
Aus den Gln. (9.8)–(9.10) können nun die Gleichungen

$$\left.\begin{aligned} 0 &= 2\rho \int_{\bar A'(i)} \bar\varphi^{(i)} h_{\bar x(i)}^{(i)}\, d\bar x^{(i)}\, d\bar z^{(i)} + T_i, && (9.11)\\ 0 &= -2\rho g \int_{\bar L'(i)} (z_1^{*(i)} + \bar x^{(i)}\theta_{21}^{*(i)})\, h^{(i)}\, d\bar x^{(i)} \\ &\quad + 2\rho \int_{\bar A'(i)} \bar\varphi^{(i)} h_{\bar z(i)}^{(i)}\, d\bar x^{(i)}\, d\bar z^{(i)}, && (9.12)\\ 0 &= -2\rho g\theta_{21}^{*(i)} \int_{\bar A'(i)} (\bar z^{(i)} - \bar z_c'^{(i)})\, h^{(i)}\, d\bar x^{(i)}\, d\bar z^{(i)} \\ &\quad - 2\rho g z_1^{*(i)} \int_{\bar L'(i)} \bar x^{(i)} h^{(i)}\, d\bar x^{(i)} \\ &\quad - 2\rho g\theta_{21}^{*(i)} \int_{\bar L'(i)} (\bar x^{(i)})^2 h^{(i)}\, d\bar x^{(i)} + l^{(i)} T_i \\ &\quad + 2\rho \int_{\bar A'(i)} \bar\varphi^{(i)} [\bar x^{(i)} h_{\bar z(i)}^{(i)} - (\bar z^{(i)} - \bar z_c'^{(i)})\, h_{\bar x(i)}^{(i)}]\, d\bar x^{(i)}\, d\bar z^{(i)} && (9.13) \end{aligned}\right\} \quad (i = 1, 2)$$

zur Bestimmung der zeitunabhängigen Größen $s_0^{(i)}$, $\theta_{31}^{*(i)}$, $z_1^{*(i)}$ abgeleitet werden. Ist $\varphi^{(i)}(x, y, z, t)$ die Lösung des Randwertproblems (5.2)–(5.5), so ist $\varphi^{(i)}(\bar{x}, \bar{y}, \bar{z}) \equiv \varphi^{(i)}(\bar{x} + s_0^{(i)} t, \bar{y}, \bar{z}, t)$.
Aus Gl. (9.11) läßt sich bei gegebenem T_i die konstante Geschwindigkeit $s_0^{(i)}$ bestimmen, $(i = 1, 2)$, und zwar unabhängig von den übrigen Größen. Die Gln. (9.12) und (9.13) stellen dann ein lineares Gleichungssystem mit konstanten Koeffizienten zur Bestimmung der Größen $\theta_{21}^{*(i)}$, $z_1^{*(i)}$, $(i = 1, 2)$ dar.

Setzt man

$$\theta_{21}^{(i)}(t) = \theta_{21}^{*(i)} + \theta_{21}^{**(i)}(t), \quad z_1^{(i)}(t) = z_1^{*(i)} + z_1^{**(i)}(t) \qquad (i = 1, 2), \tag{9.14}$$

so erhält man zur Bestimmung der zeitabhängigen Größen $s_1^{(i)}(t)$, $\theta_{21}^{**(i)}(t)$, $z_1^{**(i)}(t)$ die aus (9.8)–(9.10) unter Berücksichtigung von (9.11)–(9.13) folgenden Gleichungen:

$$\left.\begin{aligned}
M_1^{(i)} \dot{s}_1^{(i)} &= \rho \int_{\bar{A}'^{(i)}} [2\,\bar{\varphi}^{(k)} + \bar{\Psi}^{+} + \bar{\Psi}^{-}]\, h_{\bar{x}^{(i)}}^{(i)}\, d\bar{x}^{(i)}\, d\bar{z}^{(i)}, && (9.15)\\
M_1^{(i)} \ddot{z}_1^{**(i)} &= -2\,\rho g \int_{\bar{L}'^{(i)}} (z_1^{**(i)} + \bar{x}^{(i)} \theta_{21}^{**(i)})\, h^{(i)}\, d\bar{x}^{(i)} \\
&\quad + \rho \int_{\bar{A}'^{(i)}} [2\,\bar{\varphi}^{(k)} + \bar{\Psi}^{+} + \bar{\Psi}^{-}]\, h_{\bar{z}^{(i)}}^{(i)}\, d\bar{x}^{(i)}\, d\bar{z}^{(i)}, && (9.16)\\
I_{21}^{(i)} \ddot{\theta}_{21}^{**(i)} &= -2\,\rho g\, \theta_{21}^{**(i)} \int_{\bar{A}'^{(i)}} (\bar{z}^{(i)} - \bar{z}_c'^{(i)})\, h^{(i)}\, d\bar{x}^{(i)}\, d\bar{z}^{(i)} \\
&\quad - 2\,\rho g\, z_1^{**(i)} \int_{\bar{L}'^{(i)}} \bar{x}^{(i)} h^{(i)}\, d\bar{x}^{(i)} \\
&\quad - 2\,\rho g\, \theta_{21}^{**(i)} \int_{\bar{L}'^{(i)}} (\bar{x}^{(i)})^2 h^{(i)}\, d\bar{x}^{(i)} \\
&\quad + \rho \int_{\bar{A}'^{(i)}} [2\,\bar{\varphi}^{(k)} + \bar{\Psi}^{+} + \bar{\Psi}^{-}]\, [\bar{x}^{(i)} h_{\bar{z}^{(i)}}^{(i)} \\
&\quad - (\bar{z}^{(i)} - \bar{z}_c'^{(i)})\, h_{\bar{x}^{(i)}}^{(i)}]\, d\bar{x}^{(i)}\, d\bar{z}^{(i)}, && (9.17)
\end{aligned}\right\} \quad \begin{aligned}&(i, k = 1, 2)\\ &(i \neq k)\end{aligned}$$

wo ψ die Lösung des Randwertproblems (5.6)–(5.10) ist. Aus der Differentialgleichung (9.15) ist $s_1^{(i)}(t)$, $(i = 1, 2)$ zu ermitteln unter Berücksichtigung der Anfangsbedingung

$$s_1^{(i)}(-\infty) = 0. \qquad (i = 1, 2) \tag{9.18}$$

(9.16), (9.17) ist ein lineares Differentialgleichungssystem für die Funktionen $\theta_{21}^{**(i)}(t)$, $z_1^{**(i)}(t)$, $(i = 1, 2)$. $\theta_{21}^{**(i)}(t)$, $z_1^{**(i)}(t)$ müssen diesem Differentialgleichungssystem und den Anfangsbedingungen

$$\left.\begin{aligned}
\theta_{21}^{**(i)}(-\infty) &= \dot{\theta}_{21}^{**(i)}(-\infty) = 0,\\
z_1^{**(i)}(-\infty) &= \dot{z}_1^{**(i)}(-\infty) = 0
\end{aligned}\right\} \quad (i = 1, 2) \tag{9.19}$$

genügen.

10. Schlußbetrachtungen und Ausblick

Unter Beschränkung auf Schiffe vom Michellschen Typ haben wir hier für den Begegnungs- und Überholungsvorgang von Schiffen ein Integrodifferentialgleichungssystem hergeleitet, das den gesamten Vorgang vollständig beschreibt. Die Integration dieses Systems für spezielle Schiffsformen und Geschwindigkeiten verbleibt als wesentlichste Aufgabe. Eine solche Integration ist hier selbst unter gewissen Einschränkungen numerisch nur mit sehr großem Aufwand durchzuführen. Dennoch lassen sich auch ohne eine Integration schon einige qualitative Aussagen machen über den Verlauf des Vorganges und über die Größen, die beim Begegnungs- oder Überholungsvorgang eine wesentliche Rolle spielen. So hatten wir bereits darauf hingewiesen, daß die entscheidenden Größen bei unserem Vorgang die Drehbewegung der Schiffe um die $x'^{(i)}$- und $z'^{(i)}$-Achse, wie auch die Querbewegung parallel zur $y'^{(i)}$-Achse sind. Bei kleinen Bewegungen der genannten Art erfährt die Strömung ebenfalls kleine Störungen gleicher Ordnung, weshalb diese Größen auch bei der Formulierung unseres Randwertproblems und bei unserem Integrodifferentialgleichungssystem auftraten.
Ferner sei an dieser Stelle noch darauf hingewiesen, daß bei unserem Vorgang die Untersuchung nicht auf Schiffe vom Michellschen Typ beschränkt zu werden braucht, wenn auch alles Prinzipielle hier bereits auftritt. Man kann einerseits Schiffe vom Hognerschen Typ, bei denen das Verhältnis von Tiefgang zur Länge sehr klein ist, als auch Schiffe vom Yacht-Typ betrachten, welche eine Kombination des Michellschen und des Hognerschen Typs darstellen. Aus den Abb. 3–5 sind die charakteristischen Eigenschaften der verschiedenen Schiffstypen ersichtlich.
Eine weitere Bemerkung ist noch die folgende. Eine wesentliche Schwierigkeit bei unserer Darstellung des Problems unter Berücksichtigung des Oberflächeneinflusses ist die nicht gesicherte Existenz einer Lösung unseres Integrodifferentialgleichungssystems. Diese Schwierigkeit tritt nicht auf, wenn man von dem Einfluß der freien Wasseroberfläche absieht und unsere Schiffe ansieht als an der Wasseroberfläche gespiegelte Doppelkörper, welche sich zwischen zwei parallelen Ebenen bewegen. Dann gelingt es, ein Fredholmsches Integralgleichungssystem für unseren Bewegungsvorgang aufzustellen und mit Hilfe dieses Integralgleichungssystems nachzuweisen, daß es eine eindeutig bestimmte Lösung gibt. Ferner läßt sich zeigen, daß zur Bestimmung dieser eindeutig bestimmten Lösung das Verfahren der sukzessiven Approximation angewandt werden kann.

Dr. Franz Kolberg

Literaturverzeichnis

[1] EGGERS, K., Über den Wellenwiderstand von Zweikörperschiffen. Jahrbuch der Schiffbautechnischen Gesellschaft (1956).

[2] HASKIND, M. D., The Hydrodynamic Theory of Ship Oscillations in Rolling and Pitching. Prikl. Mat. Mekh., 10 (1946).

[3] HASKIND, M. D., Waves Arising from Oscillation of Bodies in Shallow Water. Prikl. Mat. Mekh., 10 (1946).

[4] HAVELOCK, T. H., Wave resistance: the mutual action of two bodies. Proc. Roy. Soc. Lond., Ser. A 155, 460–472 (1936).

[5] JOHN, F., On the Motion of Floating Bodies. I, II. Comm. Pure Appl. Math., Vol. II und III (1949 und 1950).

[6] MICHELL, J. H., The wave resistance of a ship. Phil. Mag. (5) 45, 106–123 (1898).

[7] PETERS, A. S., und J. J. STOKER, The Motion of a Ship, as a Floating Rigid Body, in a Seaway. Comm. Pure Appl. Math., Vol. X (1957).

[8] SILVERSTEIN, B. L., Linearized Theory of the Interaction of Ships. Diss. Univ. of California, Berkeley 1957 (Inst. Engrg. Res. Techn. Rep., Ser. 82, Issue 3).

[9] WEHAUSEN, J. V., Wave Resistance of Thin Ships. Symp. on Naval Hydrodynamics, Washington, D.C. 1956.

[10] WEINBLUM, G., Theoretische Untersuchung der Strömungsbeeinflussung zweier Schiffe aufeinander beim gegenseitigen Begegnen und Überholen auf tiefem und beschränktem Wasser. Schiffbau 1934.

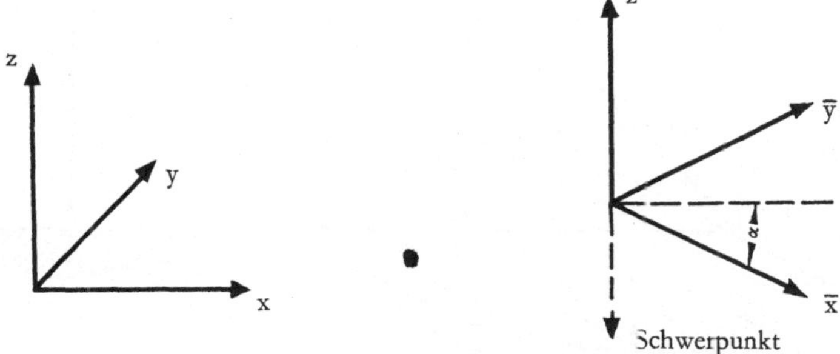

Abb. 1 Ortsfestes und mitgeführtes Koordinatensystem

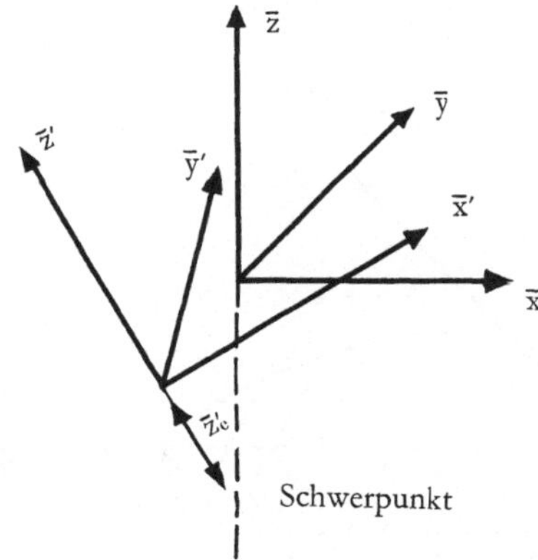

Abb. 2 Schiffsfestes und mitgeführtes Koordinatensystem

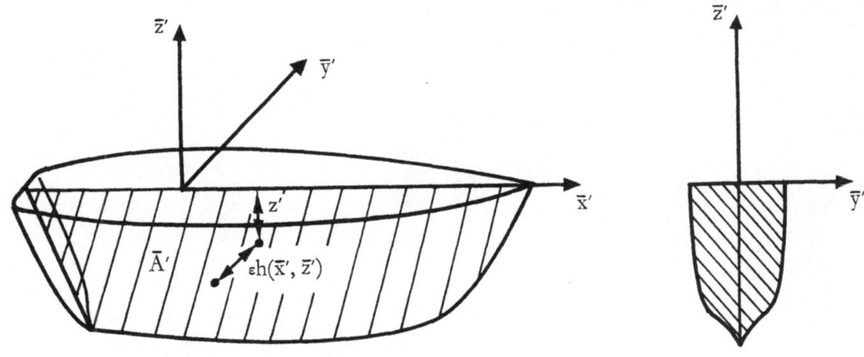

Abb. 3 Zur Gleichung der Schiffsoberfläche
Michellsches Schiff

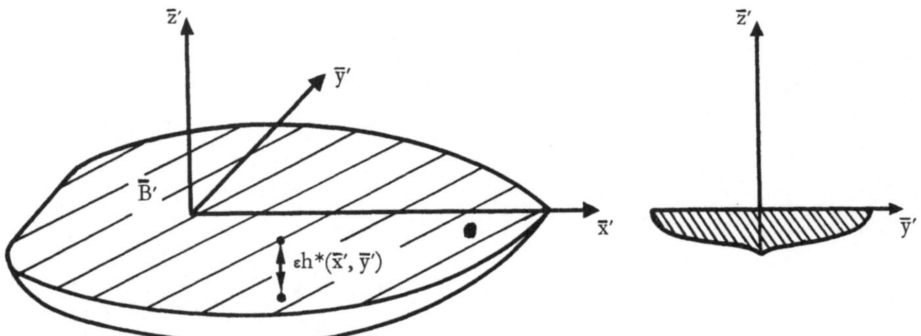

Abb. 4 Zur Gleichung der Schiffsoberfläche
Extrem flaches oder Hognersches Schiff

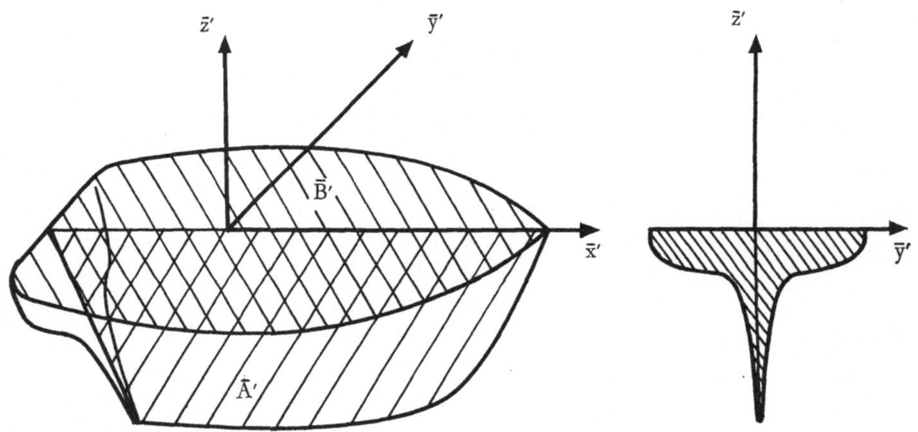

Abb. 5 Zur Gleichung der Schiffsoberfläche
Yachttyp

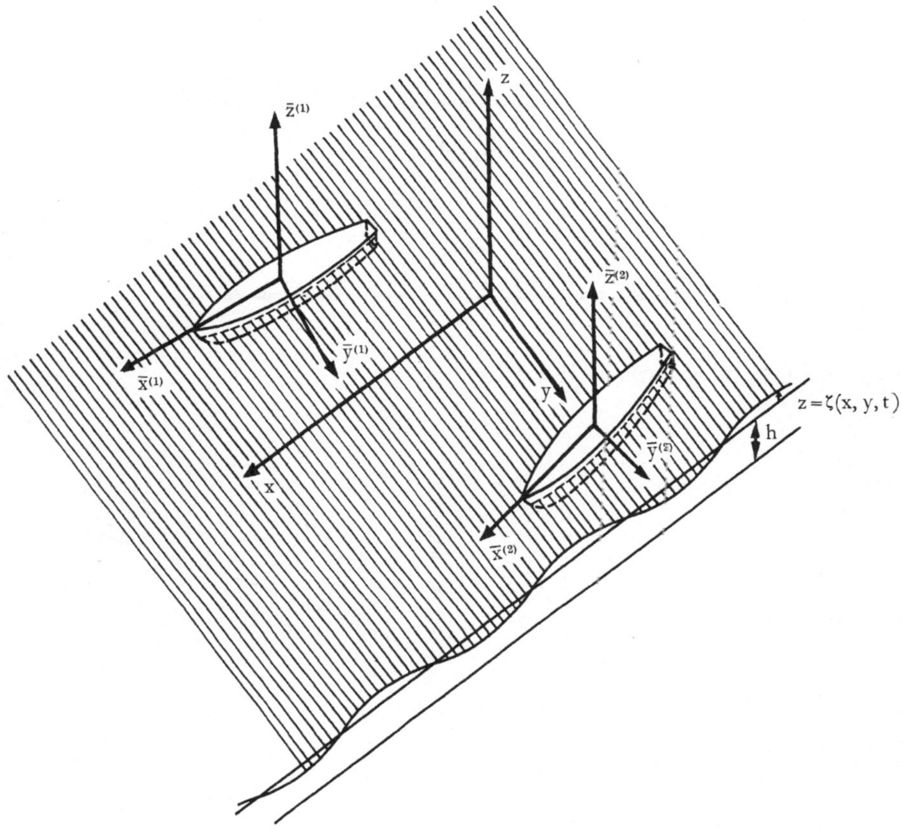

Abb. 6 Zum Überholungsvorgang von Schiffen

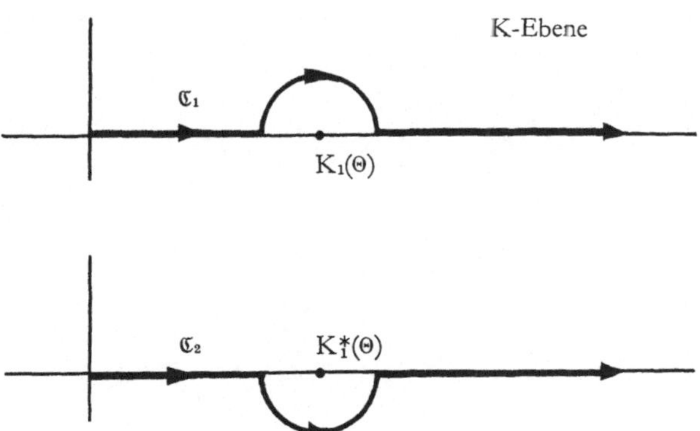

Abb. 7 Integrationswege im Falle $\Omega = 0$; $s_0 \neq 0$

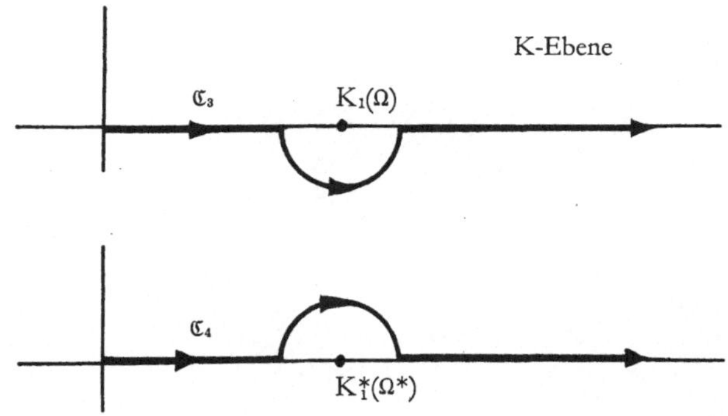

Abb. 8 Integrationswege im Falle $\Omega \neq 0$; $s_0 = 0$

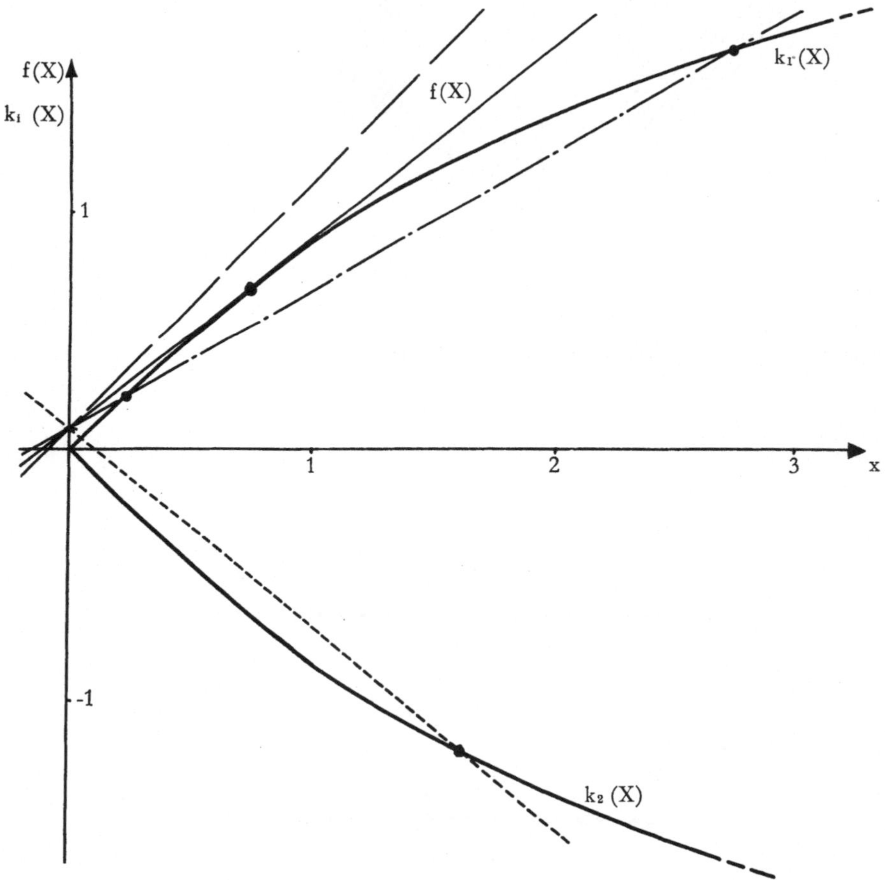

Abb. 9 Schematische Darstellung des Verlaufs der Funktionen f(X); $k_i(X)$, (i = 1, 2)

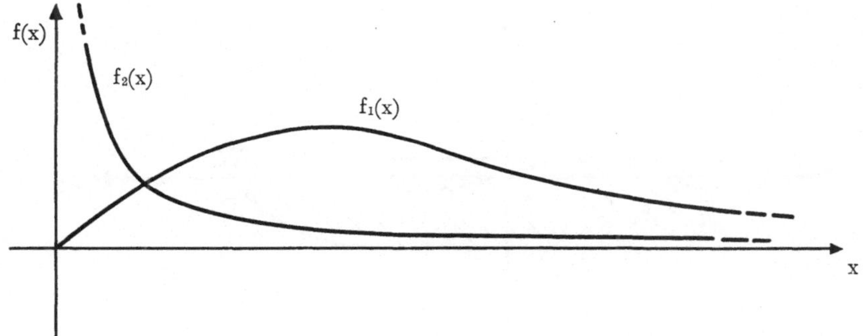

Abb. 10 Schematische Darstellung des Verlaufs der Funktionen $f_1(X)$ und $f_2(X)$

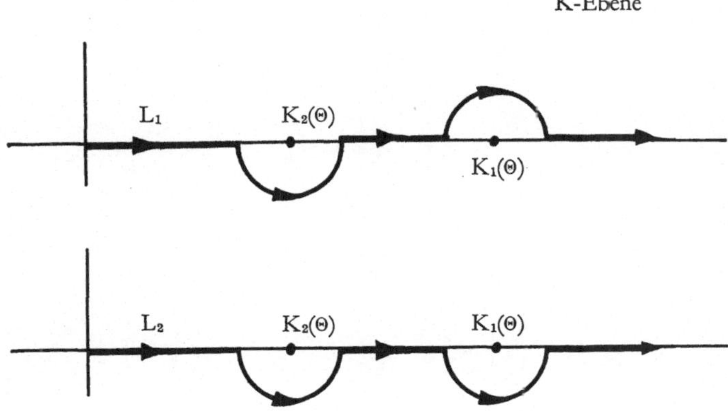

Abb. 11 Integrationswege im Falle $s_0 \neq 0$; $\Omega \neq 0$

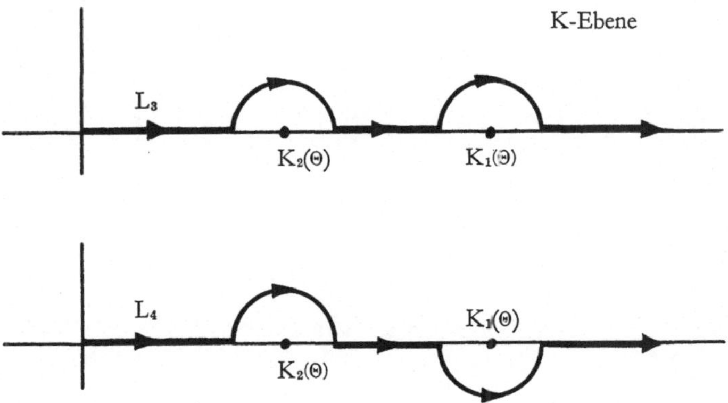

Abb. 12 Integrationswege im Falle $s_0 \neq 0$; $\Omega \neq 0$

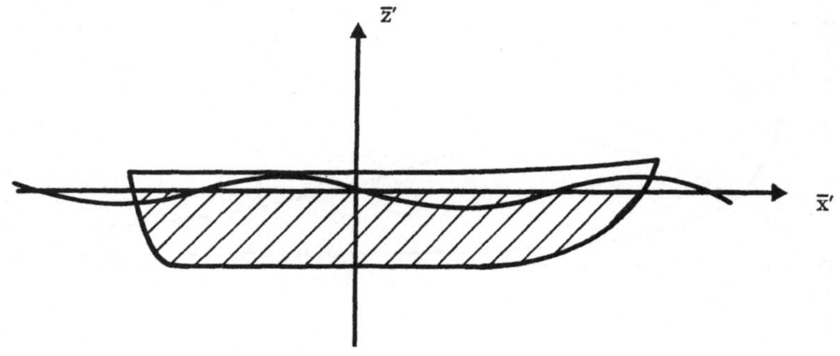

Abb. 13 Der Bereich A′

FORSCHUNGSBERICHTE DES LANDES NORDRHEIN-WESTFALEN

Herausgegeben im Auftrage des Ministerpräsidenten Dr. Franz Meyers von Staatssekretär Prof. Dr. h. c. Dr.-Ing. E. h. Leo Brandt

ELEKTROTECHNIK · OPTIK

HEFT 1
Prof. Dr.-Ing. Eugen Flegler, Aachen
Untersuchungen oxydischer Ferromagnet-Werkstoffe
1952. 19 Seiten. Vergriffen

HEFT 12
Elektrowärme-Institut, Langenberg (Rhld.)
Induktive Erwärmung mit Netzfrequenz
1952. 14 Seiten, 6 Abb. DM 5,20

HEFT 23
Institut für Starkstromtechnik, Aachen
Rechnerische und experimentelle Untersuchungen zur Kenntnis der Metadyne als Umformer von konstanter Spannung auf konstanten Strom
1953. 42 Seiten, 21 Abb., 4 Tafeln. DM 9,75

HEFT 24
Institut für Starkstromtechnik, Aachen
Vergleich verschiedener Generator-Metadyne-Schaltungen in bezug auf statisches Verhalten
1951. 36 Seiten, 23 Abb. DM 8,50

HEFT 44
Arbeitsgemeinschaft für praktische Dehnungsmessung, Düsseldorf
Eigenschaften und Anwendungen von Dehnungsmeßstreifen
1953. 68 Seiten, 43 Abb., 2 Tabellen. Vergriffen

HEFT 62
Prof. Dr. Walter Franz, Institut für theoretische Physik der Universität Münster
Berechnung des elektrischen Durchschlags durch feste und flüssige Isolatoren
1954. 26 Seiten. DM 7,—

HEFT 77
Meteor Apparatebau Paul Schmeck GmbH, Siegen
Entwicklung von Leuchtstoffröhren hoher Leistung
1954. 35 Seiten, 12 Abb., 2 Tabellen. DM 9,15

HEFT 100
Prof. Dr.-Ing. Herwart Opitz, Aachen
Untersuchungen von elektrischen Antrieben, Steuerungen und Regelungen an Werkzeugmaschinen
1955. 151 Seiten, 71 Abb., 3 Tabellen. DM 31,30

HEFT 156
Prof. Dr.-Ing. habil. B. v. Borries, Dr. rer. nat. Dipl.-Chem. J. Johann, Ing. J. Huppertz, Dipl.-Phys. Günther Langner, Dr. rer. nat. Dipl.-Phys. F. Lenz und Dipl.-Phys. W. Scheffels, Düsseldorf
Die Entwicklung regelbarer permanentmagnetischer Elektronenlinsen hoher Brechkraft und eines mit ihnen ausgerüsteten Elektronenmikroskopes neuer Bauart
1956. 88 Seiten, 52 Abb. DM 22,55

HEFT 179
Dipl.-Ing. H. F. Reineke, Bochum
Entwicklungsarbeiten auf dem Gebiete der Meß- und Regeltechnik
1955. 34 Seiten, 10 Abb. DM 10,—

HEFT 181
Prof. Dr. Walter Franz, Münster
Theorie der elektrischen Leitvorgänge in Halbleitern und isolierenden Festkörpern bei hohen elektrischen Feldern
1955. 16 Seiten, 2 Abb., 1 Tabelle. DM 5,20

HEFT 208
Prof. Dr.-Ing. Harald Müller, Elektrowärme-Institut, Essen
Untersuchung von Elektrowärmegeräten für Laienbedienung hinsichtlich Sicherheit und Gebrauchsfähigkeit. I. Untersuchungen an Kochplatten
1956. 90 Seiten, 56 Abb., 7 Tabellen. DM 22,70

HEFT 213
Dipl.-Ing. K. F. Rittinghaus, Institut für elektrische Nachrichtentechnik der Rhein.-Westf. Technischen Hochschule Aachen
Zusammenstellung eines Meßwagens für Bau- und Raumakustik
1957. 87 Seiten, 17 Abb., 7 Tabellen. DM 19,80

HEFT 216
Dr. phil. Erwin Kloth, Köln
Untersuchungen über die Ausbreitung kurzer Schallimpulse bei der Materialprüfung mit Ultraschall
1956. 79 Seiten, 60 Abb., 4 Tabellen. DM 19,40

HEFT 265
Prof. Dr. phil. Fritz Micheel und Dr. rer. nat. Rico Engel, Organisch-Chemisches Institut der Universität Münster
Eine Apparatur zur elektrophoretischen Trennung von Stoffgemischen
1956. 27 Seiten, 21 Abb. DM 9,20

HEFT 276
E. Haage, Mülheim/Ruhr
Entwicklungsarbeiten im Apparatebau für Laboratorien
1956. 36 Seiten, 18 Abb. DM 10,50

HEFT 309
Prof. Dr. phil. Kurt Cruse, Dipl.-Phys. Benno Ricke und Dipl.-Phys. Reinhard Huber, Physikalisch-chemisches Institut der Bergakademie Clausthal-Zellerfeld
Aufbau und Arbeitsweise eines universell verwendbaren Hochfrequenz-Titrationsgerätes
1956. 40 Seiten, 29 Abb. DM 11,90

HEFT 310
Dr. rer. nat. Paul Friedrich Müller, Bonn
Die Integrieranlage des Rheinisch-Westfälischen Instituts für Instrumentelle Mathematik in Bonn
1956. 54 Seiten, 6 Abb., 31 Schaltskizzen. DM 14,45

HEFT 331
Dipl.-Ing. Georg Bretschneider, Studiengesellschaft für Höchstspannungsanlagen e. V., Ruit
Die Messung der wiederkehrenden Spannung mit Hilfe des Netzmodelles
1956, 37 Seiten, 21 Abb., 2 Tabellen. DM 11,20

HEFT 341
Prof. Dr.-Ing. Helmut Winterhager und Dipl.-Ing. Leo Werner, Aachen
Präzisions-Meßverfahren zur Bestimmung des elektrischen Leitvermögens geschmolzener Salze
1956. 36 Seiten, 19 Abb., 1 Tabelle. DM 10,60

HEFT 403
Prof. Dr.-Ing. Paul Denzel und Dipl.-Ing. Wilhelm Cremer, Aachen
Verbesserung der Benutzungsdauer der Höchstlast in ländlichen Netzen durch vermehrte Anwendung elektrischer Geräte in der Landwirtschaft
1957. 33 Seiten, 23 Abb. DM 12,10

HEFT 438
Prof. Dr.-Ing. Helmut Winterhager und Dr.-Ing. Leo Werner, Aachen
Bestimmung des elektrischen Leitvermögens geschmolzener Fluoride
1957. 39 Seiten, 18 Abb., 10 Tabellen. DM 11,90

HEFT 440
Dr.-Ing. Hellmuth Wolf, Institut für Hochfrequenztechnik der Rhein.-Westf. Technischen Hochschule Aachen
Gekoppelte Hochfrequenzleitungen als Richtkoppler
1958. 107 Seiten, 44 Abb. DM 31,60

HEFT 513
Prof. Dr. Wilhelm Ludolf Schmitz und Dr. rer. nat. Franz Schmitt, Institut für Röntgenforschung an der Universität Bonn
Die Verwendung des Magnetbandgerätes zur Speicherung des Kurvenverlaufs elektrischer Ströme *1958. 56 Seiten, 35 Abb. DM 17,65*

HEFT 520
Prof. Dr.-Ing. Herwart Opitz, Dipl.-Ing. Hans Obrig und Dipl.-Ing. Paul Kips, Laboratorium für Werkzeugmaschinen und Betriebslehre der Rhein.-Westf. Technischen Hochschule Aachen
Untersuchung neuartiger elektrischer Bearbeitungsverfahren
1958. 44 Seiten, 35 Abb., 2 Tabellen. DM 14,70

HEFT 522
Dr.-Ing. Joachim Lorentz, Bonn, und Dr.-Ing. Karlheinz Brocks, Mülheim/Ruhr
Elektrische Meßverfahren in der Geodäsie
1958. 108 Seiten, 49 Abb., 5 Tabellen. DM 28,—

HEFT 523
Dr.-Ing. Klaus Eberts, Duisburg
Entwicklungen einiger Meßverfahren und einer Frequenz- und amplitudenstabilisierten Meßeinrichtung zur gleichzeitigen Bestimmung der komplexen Dielektrizitäts- und Permeabilitätskonstante von festen und flüssigen Materialien im rechteckigen Hohlleiter und im freien Raum bei Frequenzen von 9200 und 33000 MHz
1958. 122 Seiten, 37 Abb. DM 30,20

HEFT 535
Dr.-Ing. Josef Lennertz, Köln
Einfluß des Ausbaugrades und Benutzungsgrades nachrichtentechnischer Einrichtungen auf die Gesamtwirtschaft
Ausgeführt von 1954 bis 1956 unter Mitarbeit von *Oberpostrat Dipl.-Ing. Friedrich Einbeck*
1958. 265 Seiten, zahlreiche Tabellen. DM 42,—

HEFT 550
Dr. Hans Stephan, Bonn
Elektrisches Standhöhenmeßgerät für Flüssigkeiten
1958. 25 Seiten, 13 Abb., 2 Tabellen. DM 10,10

HEFT 554
Prof. Dr.-Ing. Harald Müller, Elektrowärme-Institut Essen
Untersuchung von Elektrowärmegeräten für Laienbedienung hinsichtlich Sicherheit und Gebrauchsfähigkeit. — Teil II: Temperaturen an und in schmiegsamen Elektrogeräten
1958. 56 Seiten, 18 Abb., 22 Tabellen. DM 16,70

HEFT 596
Dipl.-Ing. Karl-Ernst Hardieck, Regierungsrat beim Deutschen Patentamt in München
Theoretische und experimentelle Untersuchungen der stationären Vorgänge in magnetischen Verstärkern
Ausgeführt am Institut für Starkstromtechnik der Rhein.-Westf. Technischen Hochschule Aachen
1958. 74 Seiten, 58 Abb. DM 20,20

HEFT 605
Ing. Leonhard Bommes, Mönchengladbach
Bestimmung von Leistung und Wirkungsgrad eines Ventilators
1958. 45 Seiten, 29 Abb., 3 Tabellen. DM 12,60

HEFT 615
Prof. Dr. Walter Weizel und Duk Hyun Whang, Institut für theoretische Physik der Universität Bonn
Stromverteilung auf der Kathode einer Glimmentladung in Spalten bei hohen Drucken und abseits stehender Anode
1958. 28 Seiten, 16 Abb. DM 8,80

HEFT 616
Prof. Dr. Walter Weizel und Wolfgang Ohlendorf, Institut für theoretische Physik der Universität Bonn
Die Glimmentladung in spaltartigen Entladungsräumen *1958. 38 Seiten, 18 Abb. DM 10,70*

HEFT 622
Prof. Dr. Walter Franz, Institut für theoretische Physik der Universität Münster
Theorie der Elektronenbeweglichkeit in Halbleitern
1958. 39 Seiten, 9 Abb. DM 10,80

HEFT 642
Dr.-Ing. Hans-Joachim Eckhardt, Elektrowärme-Institut Essen
Leiter: Prof. Dr.-Ing. Harald Müller
Die dielektrische Trocknung bei erniedrigtem Luftdruck mit Beiträgen zum physikalischen Verhalten der Mischkörper
1958. 65 Seiten, 5 Abb., 19 Beilagen. DM 17,10

HEFT 663
Dr. Hans-Christian Freiesleben, Gesellschaft zur Förderung des Verkehrs e. V., Düsseldorf
Vergleich von Funkortungsverfahren an Bord von Seeschiffen *1958. 19 Seiten. DM 6,20*

HEFT 724
Prof. Dr. Gottfried Eckart, Dr. Friedrich Gimmel, Thilo Conrady und Bernd Scherer, Institut für angewandte Physik und Elektrotechnik der Universität des Saarlandes, Saarbrücken
Sonderfragen bei Breitband-Schlitzantennen
1959. 32 Seiten, 3 Abb., 4 Kurvenblätter. DM 9,40

HEFT 756
Prof. Dr.-Ing. Robert Brüderlink und Dipl.-Ing. Hansjörg Jansen, Institut für Starkstromtechnik der Rhein.-Westf. Technischen Hochschule Aachen
Drehstrom-Gleichstrom-Steuersatz mit Trockengleichrichter in Einwellen- und Zweiwellenanordnung *1960. 119 Seiten. DM 35,80*

HEFT 784
Dipl.-Ing. Wilfried Sackmann, Gaswärme-Institut e. V., Essen
Wissenschaftliche Leitung: Prof. Dr.-Ing. Fritz Schuster
Untersuchung elektrischer Aufladungserscheinungen an Gasströmungen
1959. 27 Seiten, 15 Abb. DM 9,—

HEFT 786
Prof. Dr.-Ing. Paul Denzel und Dr.-Ing. Bernhard v. Gersdorff, Institut für elektrische Anlagen und Energiewirtschaft der Rhein.-Westf. Technischen Hochschule Aachen
Untersuchungen über die Möglichkeit der selektiven Erdschlußerfassung durch Messung des im Erdseil von Freileitungen fließenden Nullstroms
1959. 72 Seiten, 40 Abb. DM 19,90

HEFT 824
Dr.-Ing. Klaus Lauterjung, Institut für Hochfrequenztechnik der Rhein.-Westf. Technischen Hochschule Aachen
Untersuchung symmetrischer Hochfrequenzleitungen
1960. 74 Seiten, 10 Abb., 1 Tafel. DM 21,50

HEFT 825
Ltd. Reg.-Direktor Dr. Heinz Gabler und Reg.-Rat Dr. Gerhard Gresky, Deutsches Hydrographisches Institut, Hamburg
Untersuchung örtlicher Rückstrahler auf Schiffen, vorzugsweise im Grenzwellenbereich, mit dem Sichtfunkpeiler
1960. 60 Seiten, 50 Abb., 3 Tabellen. DM 18,70

HEFT 836
Dipl.-Met. Heinrich Borchardt, Essen
Physikalisch-technische Grundlagen der meteorologischen Anwendung von Radar nach Erfahrungen mit der Wetterradaranlage des Instituts für Mikrowellen in der Deutschen Versuchsanstalt für Luftfahrt e. V., Mülheim (Ruhr)
1960. 139 Seiten, 59 Abb., 4 Tabellen, 4 Tafeln, 5 Bildserien. DM 39,90

HEFT 912
Prof. Dr. rer. techn. Fritz Reutter, Mathematisches Institut der Rhein.-Westf. Technischen Hochschule Aachen
Die nomographische Darstellung von Funktionen einer komplexen Veränderlichen und damit in Zusammenhang stehende Fragen der praktischen Mathematik *1960. 119 Seiten, 4 Abb., 3 Tabellen, Anhang mit vielen Abb. DM 35,40*

HEFT 1001
Dipl.-Phys. Dr. rer. nat. Günter Langner, Institut für Elektronenmikroskopie an der Medizinischen Akademie, Düsseldorf
Direktor: Prof. Dr. med. H. Ruska
Die Informationsübertragung bei der Mikroskopie mit Röntgenstrahlen
1961, 125 Seiten, 7 Abb. DM 37,—

HEFT 1023
Dr.-Ing. Gustav-Adolf Kayser, Institut für Elektrische Nachrichtentechnik der Rhein.-Westf. Technischen Hochschule Aachen
Beiträge zur Theorie und Praxis selbsttätiger elektrischer Brandmelde-Geber. Teil I
Systematik der Brandmelde-Geber, Prüfung und Analogiebetrachtung der Temperaturgeber
1961. 86 Seiten, 42 Abb., 14 Tafeln. DM 29,10

HEFT 1095
Dr.-Ing. Max Brüderlink, Institut für Starkstromtechnik der Rhein.-Westf. Technischen Hochschule Aachen
Experimentelle und theoretische Untersuchung der statischen Frequenztransformationen von 50 auf 150 Hz
1962. 77 Seiten, 57 Abb. DM 62,—

HEFT 1172
Prof. Dr.-Ing. Volker Aschoff und Dipl.-Ing. Fritz Droop, Institut für elektrische Nachrichtentechnik der Rhein.-Westf. Technischen Hochschule Aachen
Über den Einfluß der elastischen Eigenschaften von Tonbändern auf die Tonhöhenschwankungen von Magnettongeräten
1963. 63 Seiten, 33 Abb. DM 29,80

HEFT 1175
Dipl.-Math. Klaus-Dieter Becker und Dr. rer. nat. Erhard Meister, Universität Saarbrücken
Beitrag zur Theorie des Strahlungsfeldes dielektrischer Antennen
1963. 43 Seiten, 4 Abb. DM 29,80

HEFT 1176
Dipl.-Phys. Alexander Wasiljeff, Universität Saarbrücken
Breitbandimpedanzstudien an Ringschlitzantennen im cm-Wellenbereich
1963. 69 Seiten, 57 Abb. DM 45,80

HEFT 1262
Prof. Dr. Hubert Cremer, Dr. Friedrich-Heinz Effertz und Dr. Karl-Hermann Breuer, Mathematisches Institut der Rhein.-Westf. Technischen Hochschule Aachen
Zur Synthese zweipoliger elektrischer Netzwerke mit vorgeschriebenen Frequenzcharakteristiken
1964. 25 Abb. DM 49,50

HEFT 1263
Prof. Dr. Hubert Cremer, Dr. Friedrich-Heinz Effertz und Wilhelm Meuffels, Mathematisches Institut der Rhein.-Westf. Technischen Hochschule Aachen
Über Realisierbarkeitskriterien für die Synthese zweipoliger elektrischer Netzwerke mit vorgeschriebener Frequenzabhängigkeit
1963. 30 Seiten. DM 17,30

HEFT 1264
Prof. Dr. Hubert Cremer und Dr. Franz Kolberg, Mathematisches Institut der Rhein.-Westf. Technischen Hochschule Aachen
Der Strömungseinfluß auf den Wellenwiderstand von Schiffen
1964. 73 Seiten, 8 Abb. DM 67,—

HEFT 1276
Dr. Wegesin, Ratingen
Untersuchungen schneller Lichtbogenverlängerungen für die Verwendung in Hochspannungsschaltgeräten
1963. 49 Seiten, 27 Abb. DM 24,80

HEFT 1291
Gerhard Schröder, Rhein.-Westf. Institut für Instrumentelle Mathematik Bonn
Über die Konvergenz einiger Jacobi-Verfahren zur Bestimmung der Eigenwerte symmetrischer Matrizen
In Vorbereitung

HEFT 1295
Prof. Dr.-Ing. Max Knoll, Dipl.-Ing. Ingolf Ruge und Dipl.-Ing. Günter Stetter, Elektrizitäts-AG, Ratingen
Teilchenzählung und Dosimetrie mit Silizium-PN-Sperrschichten
1964. 35 Seiten, 23 Abb. DM 22,—

HEFT 1297
Dr.-Ing. Wolfgang Stammen, Elektrowärme-Institut Essen
Bestimmung der Strahlungseigenschaften von festen Körpern bei Temperaturstrahlung und Entwicklung eines vollständig diffus reflektierenden Vergleichsnormals
In Vorbereitung

HEFT 1306
Prof. Dr. E. Peschl und Dr. Karl Wilhelm Bauer, Rhein.-Westf. Institut für Instrumentelle Mathematik Bonn
Über eine nichtlineare Differentialgleichung 2. Ordnung, die bei einem gewissen Abschätzungsverfahren eine besondere Rolle spielt
In Vorbereitung

HEFT 1307
Dipl.-Math. Jürgen R. Mankopf, Rhein.-Westf. Institut für Instrumentelle Mathematik Bonn
Über die periodischen Lösungen der VAN DER POLschen Differentialgleichung $\ddot{x} + \mu\,(x^2 - 1)\,\dot{x} + x = 0$
In Vorbereitung

HEFT 1308
Heinz Ober-Kassebaum, Rhein.-Westf. Institut für Instrumentelle Mathematik Bonn
Über die P-Separation der Schrödinger-Gleichung und der Laplace-Gleichung in Riemannschen Räumen
In Vorbereitung

HEFT 1316
Dr. Franz Kolberg, Institut für Mathematik und Großrechenanlagen der Rhein.-Westf. Technischen Hochschule Aachen
Direktor: Prof. Dr. Hubert Cremer
Theoretische Untersuchung des Begegnungs- oder Überholungsvorganges von Schiffen
In Vorbereitung

HEFT 1317
Prof. Dr. Hubert Cremer und Dr. Franz Kolberg, Institut für Mathematik und Großrechenanlagen der Rhein.-Westf. Technischen Hochschule Aachen
Zur Stabilitätsprüfung von Regelungssystemen mittels Zweiortskurvenverfahren
In Vorbereitung

HEFT 1329

Dr.-Ing. Jochen Jees, Lehrstuhl für Nachrichtenverarbeitung an der Technischen Hochschule Karlsruhe

Katalog normierter Tiefpaßübertragungsfunktionen mit Tschebyscheffverhalten der Impulsantwort und der Dämpfung

In Vorbereitung

HEFT 1334

Prof. Dr.-Ing. W. Wiechnowski, Dipl.-Ing. R. Schneppendahl und Dipl.-Ing. N. Vormann, im Auftrage von Prof. Dr.-Ing. E. Flegler, Rogowski-Institut für Elektrotechnik der Rhein.-Westf. Technischen Hochschule Aachen

Untersuchungen an Modellen von Innenbeleuchtungsanlagen

In Vorbereitung

HEFT 1367

Prof. Dr. rer. techn. Fritz Reutter und Dr. phil. Johannes Knapp, Institut für Geometrie und Praktische Mathematik der Rhein.-Westf. Technischen Hochschule Aachen

Untersuchungen über die numerische Behandlung von Anfangswertproblemen gewöhnlicher Differentialgleichungssysteme mit Hilfe von LIE-Reihen und Anwendungen auf die Berechnung von Mehrkörperproblemen

HEFT 1395

Prof. Dr. rer. techn. Fritz Reutter und Dr. rer. nat. Dieter Haupt, Institut für Geometrie und Praktische Mathematik der Rhein.-Westf. Technischen Hochschule Aachen

Untersuchungen auf dem Gebiete der praktischen Mathematik

In Vorbereitung

Verzeichnisse der Forschungsberichte aus folgenden Gebieten können beim Verlag angefordert werden:
Acetylen/Schweißtechnik – Arbeitswissenschaft – Bau/Steine/Erden – Bergbau – Biologie – Chemie – Eisenverarbeitende Industrie – Elektrotechnik/Optik – Energiewirtschaft – Fahrzeugbau/Gasmotoren – Farbe/Papier/Photographie – Fertigung – Funktechnik/Astronomie – Gaswirtschaft – Holzbearbeitung – Hüttenwesen/Werkstoffkunde – Kunststoffe – Luftfahrt/Flugwissenschaften – Luftreinhaltung – Maschinenbau – Mathematik – Medizin/Pharmakologie/NE-Metalle – Physik – Rationalisierung – Schall/Ultraschall – Schiffahrt – Textiltechnik/Faserforschung/Wäschereiforschung – Turbinen – Verkehr – Wirtschaftswissenschaft.

WESTDEUTSCHER VERLAG · KÖLN UND OPLADEN
567 Opladen/Rhld., Ophovener Straße 1–3